图书在版编目（CIP）数据

生态伦理十日谈 / 雷毅，刘天天，刘兵著 . -- 济南：山东科学技术出版社，2024.1
ISBN 978-7-5723-1644-9

Ⅰ . ①生…　Ⅱ . ①雷…　②刘…　③刘…　Ⅲ . ①生态伦理学　Ⅳ . ① B82-058

中国国家版本馆 CIP 数据核字（2023）第 112328 号

生态伦理十日谈

SHENGTAI LUNLI SHI RI TAN

策　　划：赵　猛
责任编辑：陈　昕　徐丽叶　庞　婕

主管单位：山东出版传媒股份有限公司
出 版 者：山东科学技术出版社
地址：济南市市中区舜耕路 517 号
邮编：250003　电话：（0531）82098088
网址：www.lkj.com.cn
电子邮件：sdkj@sdcbcm.com
发 行 者：山东科学技术出版社
地址：济南市市中区舜耕路 517 号
邮编：250003　电话：（0531）82098067
印 刷 者：济南新先锋彩印有限公司
地址：济南市工业北路 188-6 号
邮编：250100　电话：（0531）88615699

规格： 32 开（130 mm × 185 mm）
印张： 9.75　**字数：** 160 千
版次： 2024 年 1 月第 1 版　**印次：** 2024 年 1 月第 1 次印刷
定价： 69.00 元

雷毅

如果人类打算在这个地球上生存下去，就一定要跟生活的环境很好地协调。想和自然真正地和谐相处，就要很好地了解自然。在运用技术的时候，先要对自然规律有深刻、全面的把握。

刘天天

整体主义者试图告诉大家，我们区分人和动物，仅仅是理解人和动物关系的一种手段。生态伦理的目的是让人以和动物平等为目的，把自己从环境中拎出来，以便更好地看清楚人和动物、环境的关系。

刘兵

伦理学，特别是生态伦理学，之所以有存在的必要，就在于它使人有别于动物，对自己的行为有约束，而不是完全地服从于纯粹的生态法则。

序　一

人类从未像今天这样操纵着地球及其表面的生命形态。随着一系列自然灾害与灾难的降临，西方国家首先开始反思人类与自然的相处之道，生态伦理学应运而生。二十世纪八九十年代，生态伦理学开始引起我国学者的广泛关注。党的十八大之后，我国全面步入生态文明建设时期，“人与自然和谐共生”上升到前所未有的高度。“和谐共生”具体怎样落实，需要科学的生态伦理价值观支撑。

本书从生态伦理学角度出发，对人与自然的关系、人类科学技术应用中存在的诸多伦理问题进行了深入探讨，引起人们对自然价值的重新审视与重视，激发对人类与自然资源、生态环境与经济发展的关系问题的反思。其中穿插了对于伦理学两大学说“人类中心主义”和“非人类中心主义”观点的解读，并结合实例对二者的争议与融合进行了深入讨论。

本书采取了“圆桌对谈”的方式，将生态伦理学当前立场、论辩和概念结合真实议题，在“闲聊”中向读者娓娓道来。许多人认为伦理学是抽象的、晦涩的，且与日常生活了无干系。但是当理论在一种轻松、幽默的文风中被呈现出来，当抽象问题与紧迫的个人关切联系起来时，对于学生和普通读者来说，伦理学可以是迷人且有趣的。对此，本书处理得恰到好处。

尹传红
科普时报社社长
中国科普作家协会副理事长

2023 年 12 月

序 二

党的二十大报告指出："尊重自然、顺应自然、保护自然，是全面建设社会主义现代化国家的内在要求。必须牢固树立和践行绿水青山就是金山银山的理念，站在人与自然和谐共生的高度谋划发展。"

要唤醒全民生态道德自觉，增强人们的生态正义感和生态伦理责任感，必须建构和弘扬生态伦理道德，并使其融入现代化建设各方面和全过程。生态伦理学是环境科学与伦理学融合产生的新学科，重在强调环境问题所涉及的价值观和原则。这门科学是在近代工业化、城市化进程对于自然界造成了突出影响，显现出人类生存发展活动和生存环境系统之间的严重对立后，为协调两者、确保共生关系的延续和改善而诞生的。

本书以"十日谈"的形式，分成十个话题，讨论了生态伦理中的典型议题和背后基本的哲学概念。整本书氛围轻松，看似闲谈，其实主线明确，雷毅和刘兵二位学者穿针引线般将深奥的伦理学原理用通俗易懂的语言和生动的案例进行诠释，在无形中建构出生态伦理的学术框架。清华附中的学生刘天天的加入是点睛之笔，替读者问出了心中疑惑，确保了本书能为学生及普通大众群体所领会。

北京大学哲学系教授

2023 年 12 月

「目录」

第一日　伦理、伦理学和有关争论……… 001

第二日　环境、科学与生态伦理………… 029

第三日　“益虫”“害虫”和生命的价值 … 047

第四日　动物、动物园和自然保护区…… 085

第五日　肉食、素食与相关争论…………111

第六日　对待植物也有伦理问题吗……… 147

第七日　生态系统、资源与荒野………… 191

第八日　宠物：该不该养………………… 239

第九日　转基因技术及其应用与相关的伦理问题 ………………………… 257

第十日　建坝与拆坝：还是有关人与自然的争论 ………………………… 275

01

第一日

伦理、伦理学和有关争论

什么是生态伦理？

刘老师：从今天开始，我们一起聊一聊有关生态伦理，或者叫环境伦理这样一个话题。这是一个很大的话题，我们恐怕得说上一段时间，就先按10天来计划吧。我们一起聊天的有3个人，一位是清华大学做生态伦理研究的雷毅老师；一位是清华大学附属中学的学生刘天天；至于我呢，也在清华大学工作，研究科学哲学和科学史。我们今天就先这么说起来吧。首先，我们这次的整个计划是要聊生态伦理，或者叫环境伦理，对于这两个词，现在我们一般怎么说呢？

雷老师：“生态伦理”或者“环境伦理”是很学术化的用词，它是专门研究人们应该如何用道德的方式与自然打交道的领域，也就是大家通常所说的人跟自然界讲道德。目前国内对“生态伦理”与“环境伦理”基本上是混用的。由于最初的讨论主要是从环境问题引出来的，西方学者通常用“环境伦理”来称呼这个研究领域。国内之所以叫“生态伦理”，是因为早期国内研究引用的文献主要来自苏联，苏联的学者通常这么讲，国内学者就沿用了苏联的说法。在 20 世纪 80 年代中期以后跟西方学者打交道的过程中，我们才发现，西方人普遍使用“环境伦理”一词。随着对西方的了解越来越多，最后发现，我们讨论的生态伦理问题实际上和西方人讨论的环境伦理问题是同一个东西。当然，从语义和观念上讲，“生态伦理”与“环境伦理”还是有差别的。不过，在不特别说明的情况下，两者表达的含义是大致相同的。

刘老师： 听说过伦理这个概念吗？

刘天天： 听说过。

◎ 从左至右依次为刘兵、刘天天、雷毅

刘老师：能说说你理解的伦理是什么吗？

刘天天：我觉得伦理是一种道德标准吧。

刘老师：道德标准还是抽象一点儿，具体地说呢？

刘天天：就是说在没有严格规定的情况下，我们在道德上认为应该干什么和不应该干什么。

刘老师：对。

雷老师：“伦理”与“道德”虽为两个词，在通常意义下都是指对人的行为应当如何进行规范。有人认为伦理的意义要比道德宽泛，但在这里我们没有必要去细致地考查，只要知道伦理学是研究道德问题的学问就行了。在社会交往中，人们需要有一些保护各方正当利益的手段，需要制定大家都遵守的规则。从伦理的角度来制定规则就是要保护每个人的正当权益。在这个意义上，我们讲的伦理规则、道德规则其实是一个东西。当我们评价一个人的行为是否道德，实际上就是在用道德规则判断他的行为是否正当。正当的行为是道德的，反之就是不道德的。对这类道德问题进行研究，就是我们说的伦理。因此，伦理学常常又被称为道德哲学。

刘天天：那么，生态伦理主要指的是人对于环境的作为中的道德吗？

雷老师：对，这样理解非常好。

刘老师：谁制定这个规则呢？

雷老师：当然是由人来制定了，但绝不是某个人根据个人的需要来制定的。一组道德规则的确立，至少要有两个保证：一是提出的道德规则一定是经过严密的理论论证的；二是这些道德规则必须得到他人的认可。我们从人与自然的关系理论研究成果中去寻找一些可以使人与自然双方权益都能得到保障的基本原则，通过一些合乎逻辑的推理程序将这些规则建立起来，并争取尽可能多的人的支持与认可。因为只有得到大家认可的规则，人们才会去遵守，支持的人越多，适用的范围就越广。

刘老师：就是说大家都认可的才成，你是不是在提出一个重要的说法——伦理的东西一定要大家认可？

雷老师：应该是这样的。

刘老师：那有不认可的呢？

刘天天：比如克隆人，就有人反对，但是仍然有人在做。

雷老师：这里说的“大家”可以是社会中的大多数人，也可以是某一部分人，当然也可以是全体人员，但不是必然的。伦理规则的公众认可程度越高，可适用的范围就越广。克隆人的问题不像日常生活中的伦理问题那样简单。有些人认为所有的科学行为都是为人类谋福利的，他们担心伦理规则会干预科学研究，因而反对。我想如果对伦理问题了解得深入一些，这些担心就会消除。谁都知道，没有规矩不成方圆，只要涉及人与人的关系，就必须要有相应的规则。比如，伤害他人的事是不能做的。为了自己获取利益而损害他人的权益就是违反道德伦理的。

刘老师：比如我打你一巴掌，就违反伦理了。

雷老师：以我受到伤害为代价，用我的痛苦来满足你的利益，这显然是不道德的行为。如果大家能够得出这样的结论，那么就是在按照道德规则做判断，人们是不会反对这类道德标准和道德判断的。在科学研究方面，有些科学家反对用这种道德标准干预科学研究，这种担心可以理解。但必须弄清楚的是，科学研究其实是有道德禁区的，这一点一般人意识不到。很多推崇科学、完全信赖科学的人会偏执地维护“科学无禁区”的立场，认为既然科学是在追求真理，那就应该什么自然奥秘都可以探索，甚至可以研究白种人智商是否高于黄种人和黑种人、雅利安人基因品质是否高于其他人种之类的优生学问题。这样的研究不违反科学原则，但有悖于伦理原则。克隆人的情况也是如此。从科学的角度看，人猴杂交不是问题，但从伦理角度来看问题就大了。大家都知道臭名昭著的侵华日军731部队做人的活体实验的罪行，纯从科学上讲，这是最有效的实验，但伦理与法律是禁止的。可见，科学上可行的事情不一定伦理上可行，这就是科学评价标准与道德评价标准不同的地方。因此，科学研究还是有禁区的，这个禁区就是伦理禁区。

伦理共识是如何产生的？

刘天天： 这样说来，伦理应该是一个真实存在的东西，就看你把它用在哪儿。那它最初是怎么出现的呢？伦理标准，比如不能伤害他人，最初是怎么被提出来的？

刘老师： 这不是大家投票选出来的？

雷老师： 投票是一种可能的方式，但我不能肯定在最初状态下人们会有这样的民主意识。

刘老师： 那怎么出现一个共识呢？

雷老师： 这可能需要从人性最本质的东西说起。人是社会性的动物。在早期，人们就意识到，家庭成员或亲族成员之间相处、劳动财富的合理分配等问题都需要一些规则来调节。中国传统文化中就有君臣、父子、夫妇、长幼等各类人际关系。所谓伦理，就是指处理这些关系的道理和规则。总体上说，在处理个人与个人、个人与群体以及群体与群体之间的关系时，都需要规则，只有按规则行事，各方的利益才能得到保障。但是，规则如何制定才算合理？这就是个问题。我们知道，人的能力是有差异的。在古代，能力强的人或者精明的人，获取的果实、外出打猎的收获就多；能力差的人，尤其是生病的人，则会少一些。如果财富猎取不均衡，就必须有人出来运用大家认同的规则做些调节，以保证分配得相对公平、公正。为什么大家会认同规则？因为规则对每个人有保护作用。强者不可能恒强。如果你打猎受伤，以后的日子怎么过？有了规则就可以很好地保障你的生存。可以想象，如果没有规则来调节，就会有各种各样的事情发生，其中一部分人可能因为没有食物而饿死，一些人可能会通过非法的途径，譬如武力、欺骗等手段，夺取别人的财物。比如，一个小孩饿得实在不行了，他经过面包房，长时间地看着面包，并且用乞求的目光向面包房老板寻求帮助，最后发现，如果不抢这个面包吃，他今天可能就过不去，那怎么办？抢夺大概是唯一可行的途径了。就公众来看，抢夺面包是不道德的行为，可是当我们发现这个孩子饿了好几天之后，大家通常会觉得这个孩子的行为情有可原，是不得已的，良心丧于困境嘛。

大家可以想想，如果一个人这样做，可能问题不大，如果所有的面包房都遇到这样的人，那不就乱套了吗？要使大家的生活都保持正常，就需要规定，你的任何行为都不能侵害他人的利益，除非你有充分合理的理由证明这样做是正当的。当然，我们在设定这样一个道德原则的前提下，应当还有相应的措施，比如国家要有民政部门专门解决人们的生活困境。国家有这个义务保障你的权利，因为生存权是所有人最基本的权利，没有人能拥有超越生存权的权利，这部分义务由政府来承担。

刘天天：要这么说的话，伦理就是一个道德规范，但是这个道德规范跟法律又有什么联系呢？

雷老师：就整个社会层面而言，约束人的不正当行为有两种方式：一种是惩戒，比如一个人犯了罪，法院会判他坐牢，这就是法律应起的作用；另一种是规劝，一个人做错了事，但够不上犯罪，只需要通过教育就能感化他，使他认识到自己的过错，这种伦理和教化所起的作用，就是规劝。因此，法律是对严重的错误行为的一种外部强制性纠正，而伦理则是通过内心的感化来纠正错误。

刘老师：是不是可以这么说，凡是违法的，一般都是违反伦理的？

雷老师： 对。违法行为都是大恶的行为，肯定是违反伦理的。

刘老师： 但是违反伦理规则的不一定都是违法的，对吗?

雷老师： 对。例如未经父母同意拿了家里的钱去买了一双鞋。

道德伦理所涉范围是一成不变的吗?

刘老师： 回到前面讲的文明，在社会发展的各个不同的时期，文明程度是不一样的。奴隶社会中奴隶主使劲让奴隶干活儿，这个在伦理上有没有问题?

雷老师： 道德伦理涉及的范围常常随着历史的演变而变化。奴隶社会中主人对待奴隶的行为，在当时不是什么道德问题，放在今天来看就是不道德的。今天我们信奉的道德观念是人人平等，在这种观念下，奴隶问题就是一个道德问题了。在人类早期历史上，伦理的范围就是我们讲的道德对象的范围，或者说道德可以照顾到的范围，其实是不包括奴隶的。那时候的奴隶只是奴隶主的一份财产，没有被当成人。大家都知道古代希腊文明程度是很高的。历史上古希腊有一场著名的特洛伊战争，有位英雄人物叫奥德修斯，但从伦理的角度来讲，奥德修斯是一个残忍的人。为什么这么讲？他从特洛伊战场回来以后，怀疑家里的女奴在他离家的时候有不轨行为，一怒之下把她们吊死了。我们可以想象，一个人作为一个生物，与他人的交往，无论是同性还是异性，在今天看来是很正常的。可是，在那个时候，奴隶仅仅是主人的财产，不能有这类情欲。吊死农奴这件事，当时人们只能说奥德修斯没有经济头脑，毁掉了自己的财物，但不会认为他的行为是不道德的或是犯罪。

刘老师：比如在学校里，学生不好好学习，有的老师会体罚学生。从伦理的角度来看，老师本来是为学生好，为了让他好好学习，可是用了暴力的方式，你怎么分析这件事呢？

雷老师：老师的体罚行为对学生造成了伤害，肯定是不正当的行为，因而也是不道德的。既然不正当的就是不道德的，那么我们是依据什么标准说他的行为不道德呢？在这里的确有一个问题——动机、行为和行为产生的结果之间出现了矛盾。动机是好的，结果是坏的，好心做坏事，这显然是一个道德困境。当我们说这个行为正当不正当、道德不道德时，实际上就表明我们是在依据某个道德原则来评价这个行为。

道德评判标准是什么？

雷老师：事实上，做任何道德判断都要以相关的道德原则为标准。现代社会做出善恶判断所依据的原则主要有两大类：一类是功利主义原则，另一类是义务论原则。

功利主义原则认为，凡是给他人带来痛苦的、不幸的、不快乐的行为就是恶的，凡是给他人带来快乐的就是善的——我表扬你一句，你很快乐，我给一个饥饿的人一块面包，我挽救了一个生命，这是善的举动；我乘人不备，拿了人家一块钱，我这个行为是恶的。如果社会成员都认可这样一个原则，就会按这个原则行事，但有时按这个原则来评价一个人的行为往往会出现事与愿违的情况。譬如，你出于好心去背一个病人，结果被绊了一下，两个人都摔倒了。从结果来看，你给病人带来了痛苦，是恶的行为。但大家都知道，这样说肯定是不合情理的，你的动机明明是高尚的。因此，我们考虑问题时还需要将行为动机一起评价。

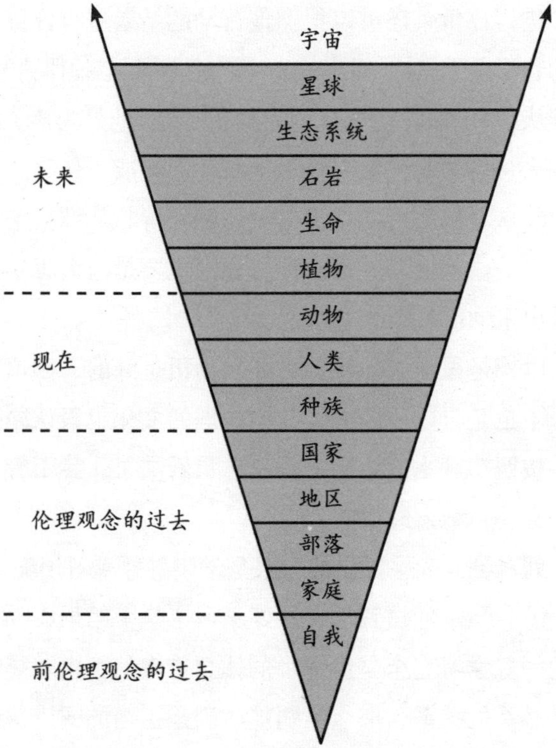

◎ 道德的进化

在功利主义原则之外，还有一个重要的评价原则——你不应该伤害他人，不能把人家当作实现你目的的工具，这就是义务论的评价原则。我们评价一个人的行为时，可以根据他动机的好坏进行评价，也可以根据他行为的好坏进行评价，还可以根据他行动的结果进行评价，评价的着眼点不一样,得出的结论可能不同。老师体罚学生，纯粹从动机来讲，可以认为老师是对的，他是为孩子好。但如果从行为的结果来看，他对孩子造成了伤害，是不好的。从动机和行动本身来做道德评价与从结果来看是不一样的。这个义务论的评价原则主要是由大哲学家康德提出来的。

康德是很强调动机的，如果动机是好的，哪怕事情做坏了也是可以原谅的。我们中国的文化也很认同这一点。按照功利主义原则的理论，只看结果，我不管你好心不好心，结果最重要。

刘老师：如果体罚的后果是学生好好学习了呢？

雷老师：延长到学生好好学习了这个结果，如果学生的好好学习完全是由老师的体罚带来的，也就是说两者是必然的关系，那么体罚就应当是正当的或道德的行为，但这里实际上是两个不同的事件。一个是老师体罚学生造成学生身心上的伤害，老师的行为是恶的；另一个是老师恶的行为激励了学生，使他好好学习了，这是学生自身变化的结果。这个问题要分开看，即老师对学生的体罚导致了一个结果，这个结果变成下一个结果的原因。表面看，这是一个连续的事件，但后一个结果不涉及老师。我们讲的道德规则是指处理人与人之间的事务，而不是自己对自己。

刘天天：老师打学生，放在现在可能说是体罚，但是往前推一千年，这是很正常的。

雷老师：你说得很对。道德关系的认识随着社会的发展不断改变。过去在中国，老师常常用戒尺体罚学生，学生背不下《三字经》就打手，疼也得忍着，还有罚站之类的。如果按照今天的说法，早期的做法是不道德的。可是在当时的文化背景下，大家认同这个事情，为什么？道德没有关怀到这个问题上来。道德关怀在不同的文明形态和社会环境中是有差别的，评价的标准也是有变化的。所以，我们通常讲道德原则的确立，最终是社会成员集体商定的结果，大家都认为需要这样做。

刘老师：按照你这个说法，在不同的时期、不同的时代，一些伦理规则是可以变化的。那么，有没有一些伦理规则是一成不变的，或者是不可违反的？比如不能伤害别人。

雷老师：只要是文明社会都有一个基本标准，如对人权的尊重、对生命的尊重。

刘老师：你的意思是说，有了伦理规范以后，人也变得文明了？

雷老师：道德是由野蛮趋向文明的标志。

刘天天：一个杀人犯杀了人，被判死刑，他杀人本身就是违反道德的，但判这个人死刑的过程，包括执行死刑的过程，是不是也不道德呢？

雷老师：从尊重生命的角度看，无论这个人杀害多少人，我们也不应当剥夺他的生命，因为这是在一连串的恶上再加一个恶。但这个事要扩展开来看，法律是一种惩戒的力量，判他死刑虽然是恶，但对那些在杀人和不杀人之间徘徊的人有震慑作用。这就是以小恶来防止更大的恶。

刘天天：惩治不应该只有杀掉这一种手段呀？

雷老师：你说得很对，健全社会的惩戒手段应有很多种。早期，人们处理这样一些问题的时候相对简单。随着文明的发展，人们会更多地采取其他惩戒方式而不仅仅是对杀人犯判死刑，这就是当今许多国家废除死刑的原因。

刘老师：之所以会出现废除死刑这种想法，本身也是因为对伦理问题的认识发生了变化而提出来的，是吧？

雷老师：对，毁灭生命是最大的恶。如果一个人不存在了，这个世界对他就没有意义了，我们不能通过剥夺一个人的生命来惩罚他。

我们应该成为怎样的人?

刘老师：今天雷老师讲了很多伦理问题，你们在中学学习中接触过吗?

刘天天：我印象中没有听过。

刘老师：你觉得伦理对于中学生来说，有必要学吗?

刘天天：有。我觉得倒不一定真的要去学伦理中那些比较艰深的东西，但是应该让我们有伦理这样一种概念或者意识。这对于我们以后的生活、工作都会有影响。

雷老师：任何一个公民都需要与他人交往，都需要遵循社会的基本规范。不管是中学生还是成年人，要正常地与他人交往，就要了解这方面的知识。道德的作用绝不仅仅是让你知道这些知识，而是要教你成为一个高尚的人、纯粹的人、脱离了低级趣味的人。一个人怎样拥有这样的品质？就是时刻要求自己只做好事不做坏事，或者做到毫不利己、专门利人，雷锋就是榜样啊。道德规则有两方面的功能：一是要求大家不违背它，二是要弘扬美德。这就是我们通常讲的扬善避恶。道德规则所反映的是社会道德的价值取向，这样可以促使大家都向那个毫不利己、专门利人的方向努力，最后社会成员的道德水准大大提高，这个社会就会变得高度文明。

普通人该如何看待伦理学？

刘老师： 前面我们讲了一些伦理问题，现在再补充一些东西。我们刚才谈到伦理学有很多分支，从专业伦理研究者的立场来说，请雷老师对伦理学做一个简要的总结吧。

雷老师： 伦理学是哲学的一个分支学科，是专门研究道德问题的领域。伦理学研究涉及两个方面：一个是纯粹的理论研究，如伦理理论的建立、理论的合理性说明等；另一个是将伦理理论应用于解决现实问题。公众通常比较关心伦理理论的实际应用。

刘老师： 公众对理论那一类不是很熟。

雷老师： 可能大多数人不熟悉，事实上也用不着去熟悉。理论研究是学者们的事情，公众没有必要过多地考虑，关注自己身边的问题可能是最重要的，比如知道我的行为在公共场合是否恰当，遇到一些违反道德的行为该怎么办，工作中怎样与领导、同事和谐相处，等等。另一类是社会公共道德问题，克隆人问题就是很好的例证。事实上，要很好地评价这些问题是需要用到理论的，比如克隆人，凭什么说它是合理的或不合理的，一定要在理论上有一个令人信服的解释。理论涉及的东西也不少，比如，伦理的规范是怎么制定出来的、依据什么样的标准等，还有一些看似很明白的问题，例如权利、义务、正当性、合理性等，也是需要有理论上的论证和说明的。有时候，一些看似很简单的问题，从理论上分析起来，问题可能就不简单了。

该不该为了5个院士牺牲1个民工？

刘老师： 在我的印象里，其实伦理学有很多的示例，特别是一些两难的问题，是非常值得讨论的。我听别人讲过一个典型的伦理学案例，说一列火车正在行驶，前面有一个道岔，道岔的这边站着一个小孩，另一边的铁轨坏了。铁轨边上有一个人，看着这列载满人的列车往前冲，要翻车，这个时候他把道岔扳一下可以拯救这列火车上的人，但是火车就会把小孩撞死，这是两难的选择。边上的旁观者就面临这么一个抉择，是让一车人都死掉呢，还是扳道岔拯救这一列车的人而让小孩死呢？在这种困境里头，哪一种更符合伦理的标准？伦理领域好像经常研究这种两难问题。

雷老师：你说的例子很极端，但是现实生活中类似的困境却是很多的。

刘老师：这个属于伦理的应用，还是属于基础理论呢？

雷老师：对于这类事例，我们肯定不能凭直觉去判断他应该怎么做。也许大家会说一车人的性命比一个人的性命更重要，所以应该扳一下道岔。但是，我们凭什么说一车人的性命比一个人的性命更重要？对这个问题的分析就进入理论的层面了。

刘老师：其实像这样一些例子，我觉得在伦理普及中，还是可以让人有一些思考的。你听过这样的例子吧，刘天天？

刘天天：听过。

刘老师：想象一下，在那种情况下，你怎么办？

刘天天：我觉得两种情况要做一个比较，看哪一种损失比较小。一个人死跟一车人死相比的话，一个人死可能比一车人死更好。

刘老师：但是有一个问题，你不扳这个道岔，一车人就会死，这是不好，但是扳了这个道岔，你就直接杀了一个人，这个时候你会是什么样的感受，你想过吗？你愿意杀人吗？好像还有类似的案例，是院士和民工的器官移植吧！

雷老师：那是一个设想中的案例，也是一个典型的伦理困境案例。这个设想是说有一个智商比较低但身体器官都很健康的人，医学分析发现他的器官正好可以跟5个身患绝症、正在等待器官移植的院士的器官配型成功。

刘老师：这5个院士各自有一个器官坏了，有的心脏坏了，有的肝坏了，有的肾坏了……

雷老师：在这种情况下，医生能不能把这个人的器官移植给院士们？

刘老师：一换这个民工就死了。

雷老师：肯定是以牺牲低智商者为代价的。这是一个假想的极端的例子，是香山会议上提出来让大家讨论的，但令伦理学家吃惊的是，大部分与会者都赞同把这个人的器官移植给那5个院士。

刘老师：你认为呢，刘天天？

刘天天：我觉得我也会选择牺牲民工。

刘老师：为什么？

刘天天：一个是从人数来讲，牺牲1个人救了5个人。再从价值贡献来讲，5个院士所做出的贡献肯定比1个民工的要大。

刘老师：你说的这些恰恰是伦理学要研究的问题。

你有没有想过，这 5 个院士，虽然从学术价值到社会贡献都了不起，但是，民工的生命价值能不能跟 5 个院士的学术贡献价值比？

刘天天：但是这不只是学术价值吧？是 1 个民工的生命和 5 个院士的生命。

刘老师：为什么要让民工献出他的生命呢？这里是不是隐含了一个你没有想清楚的意识，民工不如院士，所以可以牺牲？

刘天天：好像也不能这么说，不能说谁贡献不大就可以把谁牺牲掉。

刘老师：好，你现在也认为民工的生命也很重要。

刘天天：对。

刘老师：那怎么办？

雷老师：这确实是个两难的问题，在这种情况下，大多数人都会做出她这样的选择，因此，她的选择不能说完全错误。每个人要做出一个判断都需要有一个标准，如果我们从功利主义原则的伦理立场出发的话，我们就会得到这样一个判断：如果大多数人都得到了幸福或快乐的话，那么牺牲某个人或者少部分人的利益，并且整个群体获得的幸福或快乐超过了某人或少部分人所付出的代价，那么这件事情就是好的。这是功利主义原则的价值判断标准。刚才讲的 5 个院士，从贡献和生命两方面来讲，似乎都值得牺牲民工的生命去挽救。从功利主义原则推出的结论是，我们可以这么做。

刘老师：比如这么说，某医院有很多生命垂危的人，不换器官就会死，但是没有器官来源。按照这种逻辑，你上街去随便抓一个人，把他杀了，把他所有的器官分配给 10 个、20 个人用，来拯救这些人，这合理吗？实际上本质是一样的，你会不会同意上街抓一个人切了他？这是一样的道理。

雷老师：这就涉及更深层的问题，对生命的理解。

刘老师：你会这样做吗？

刘天天：不会。

刘老师：你看，你只是换了一个情境。其实我觉得这个例子的本质就是一个伦理问题。

雷老师：在现代社会，我们还有一个重要的价值判断，就是认为所有生命都是平等的。如果我们按照这样一个标准去考虑，那么把 1 个民工的器官移植给 5 个院士这件事应该不行。因为就生命本身的价值而言，没有任何一个人的生命价值比其他人高，这就意味着在生存问题上没有特权，与社会贡献无关。当然，如果他个人有这种境界，愿意以自己的生命来为社会做贡献的话，社会可以尊重他的意愿，但是在他做决定之前社会绝不能以任何方式给他压力，总之，他有权在不受干扰的情况下自由地做出愿意或不愿意的决定。但是，如果我们站在功利主义原则角度，让社会做一个评价的话，情况就不一样了。这个伦理困境表明，我们应该用什么样的价值标准去处理这件事情才是重要的。对于这样的事情，如果是一些有道德意识、尊重生命的人，肯定会考虑民工自身的意愿，而不是根据社会贡献大小来决定。民工的生命和院士的生命，从生命价值来讲是完全一样的，跟他的社会贡献大小无关。所有人的生命都是平等的，因为都是一种目的性的存在，活着就是好的，这也是伦理学最基本的前提。

刘老师：类似例子还有很多。这种例子粗看上去，可能有一个迹象或者说结论，但是你仔细分析起来，这个结论是有问题的，你要把这个彻底说清楚，又不是一件很简单的事情。这就说明，伦理不是我们想象的那么简单。

雷老师：一个正当的或合乎道德规范的行为，应该是可以普遍化的行为，大家可能会认同这样的说法。比如，助人为乐是正当的，所有人都可以这样做。如果一个行为不能被普遍化，这种行为往往是不道德的，不能够实施的。这是康德义务论的两个原则之一——道德行为的普遍化；另一个原则是，生命本身就是一种目的性的存在，我活着就为我，我不为他人。所有人都不能把我这种目的性的存在当作实现他人目的的工具或手段来对待。如果按照这两条标准来进行评价，那么你刚才讲的院士、火车的例子都会得到与功利主义原则完全不同的结论。从火车的例子来看，在没有第三条路可以选择的情况下，牺牲一个孩子，挽救一车人的生命，按功利主义原则来讲是正确的。但是如果从义务论的角度来讲，你杀死一个小孩，和让一车人去死是同样罪恶的，都是违背了这样一个伦理的原则。扳道岔等于把这个小孩当成这一车人求生的工具了，这也是不道德的做法。

刘老师：这里涉及一个扳道岔的人，如果这个小孩奋不顾身救这一车人，那是一回事儿。但是由一个第三者来做裁决，充当一个选择谁生谁死的判决者，就让人觉得不好了。

法律是绝对正义的吗？

刘天天：那法官的直觉是不是很对？

雷老师：法官不代表个人，他代表的是社会群体，是社会正义的代理人，代替我们做出和行使这些决定。

刘天天：就是个人没有权利决定别人的生死，但是整个社会可以？

雷老师：如果跟法律纠缠在一起，问题就会复杂得多。严格来讲，一个社会要想比较有序地运行，需要有法律机构。这个机构存在的目的并非裁决谁的生与死。一定是当某个人实施了严重危害社会的行为，一种被社会公众称为犯罪的行为，法律才可以对他进行裁决。法律的目的是保障公民的人身和财产不受他人侵犯，判某人有罪、判他死刑，都是为了避免上面讲的危害。至于你说的社会决定，实际上是我们所有成员共同认可的，通常涉及社会正义问题。

刘天天：有绝对的正义吗？

雷老师：我认为应该有。尽管何为正义确实需要考虑，但对什么行为是正义的、什么行为不是正义的，一定要有一个评价标准。这个评价标准不管是什么人用什么方法做出来的，只要社会成员认同它，这个标准就可以成为社会性的评价标准。标准的制定往往受多种因素的影响，尤其是文化因素的影响。我们常常会看到，依据不同的文化背景制定出来的标准多少会有些不同，东方人和西方人在这方面就不一样。依据我们的文化背景，你可以设想一下，是个人制定出来的标准合理，还是集体制定出来的标准合理？

刘天天：集体？

雷老师：直觉会告诉你，肯定是集体。我们中国人讲“三个臭皮匠顶个诸葛亮”“众人拾柴火焰高”，讲的都是集体的力量。集体的力量代表一种社会的主导力量，通常会有一个被推选出的代理人来代表公众行使权力、代表民意。法官、政府、管理者就是这样产生的。

现在我们关注的是标准如何制定。标准的制定必须得考虑两点。

一个是在制定标准的过程中，每个步骤一定要得到绝大多数人的认可，从程序来讲必须是正义的。只有程序上的正义才能够保障结果的合法性。其实，即使程序是正义的，也并不能完全保证结果也是正义的。光有程序的正义还不够，重要的是实质的正义，即内容的正义。

第二就是保证内容的正义。如果每个人都怀有私欲，结论就会五花八门。设想一下，如果所有人都不知道未来会怎么样，不知道自己这样做对自己的以后是否有利，大家脑子里都是白板一块儿，这似乎就可以保证每个人在制定最初的标准或原则时没有私利，这样做出来的东西肯定就是公正的了。

理论上讲，确定评价标准，这样的程序最好，但是现实生活当中我们是做不到的。这就是为什么我们讲随着文明的演变、社会的发展，伦理观念、伦理原则和标准不断改变它们的形态，因为它们是由人做出来的。

刘老师：这就说明了你讲的伦理学的两个方面，一个是应用，一个是纯理论，这两者是连在一起的。一般公众先接触的、有兴趣的可能是应用，但是应用的问题经过深入讨论，就必然会涉及背后的纯理论问题。

雷老师：如果当作一门学问来研究，涉及的问题是非常多的。它至少可以分为这样两个层次：一是对现有的社会各个领域所表现出来的一系列道德问题进行分析研究，或者给予一般原则新的指导，这样的领域，我们称为应用伦理，比如，应用于科学活动就可称之为科研伦理，包括不能伪造数据、不能做假、不能剽窃他人的成果等；二是对道德的本质进行纯粹的理论分析，诸如规范伦理与元伦理。为什么我们要依据道德原则去建立一套道德规范？什么东西能够成为道德原则？为什么不同社会评价的伦理标准不一样？它与文化是什么关系？对于这些问题我们需要做更细致的理论分析。

刘老师：好吧，今天我们就谈到这里吧。

02

第二日

环境、科学与生态伦理

“害虫”与“益虫”以什么标准划分？

刘老师：昨天我们就什么是伦理道德问题进行了讨论，我们可以借助这样的原理对面临的生态环境问题进行讨论，这就是我们今天的主题——生态伦理。其实对于一般公众来说，可能听到“生态伦理”这个词的机会不太多，而听到“环境保护”这类词汇多一些。那么，生态环境的保护肯定是需要在社会上进行一些普及工作的，中学的课程里也涉及环保。

刘天天：除了数学，基本每科都会讲到环保。

刘老师：除了向一般青少年传授环保知识以外，有没有必要对他们进行一些生态伦理的教育呢？

雷老师：当然有必要。环保教育不只是教给他们一些知识，更重要的是教给他们观念和思想。环保教育中的生态伦理为什么重要，因为生态伦理影响的是观念。一个人的行动中若是加入了伦理的因素，他的行动势必就会谨慎一些。一个商人的商业行为基本上围绕着利润转，如果没有伦理的约束，诸如坚守诚信、诚实原则，仅靠经济规则来规范商业活动，那么最终的结果就是坑蒙拐骗、投机倒把。当然，可以通过法律手段约束他们的行为，但有时法律无法鞭及不义行为，如注水肉之类，就只有用道德规则约束他。环境保护中也会遇到类似问题。我们在对待人与自然关系的时候，表面看我们是在跟自然界打交道，或者你的行为对象是周围的环境而不是人，但实际上它体现的道德关系有两个层面：一是人与人之间的关系，自然只是一个中介；二是人与自然的直接关系。人与人的关系具有某种对称性：我为你承担某一项责任和义务，你对我同样有这个责任和义务。而人和自然的关系中就没有这种对称性。比如你要用水，我也要用水，可是就一桶水，我要都用了，你就没有了，我对你就有了伦理义务。所以最好的解决办法是相对平均地分配。这是一个比较简单的例子，它折射出人与人之间的关系，只不过中间经过了水这个环节。在第二个层面上所表达的是一种更深层的关系，就是把你所关注的对象（自然物）当人看待，把它看成一个拥有自己利益的主体。

刘老师：以前上初中的时候，你们是怎么理解这种问题的？

刘天天：那个时候主要是接受教育，尤其是家长的教育。因为自然提供给了我们很多东西，所以我们至少不要去伤害它。人与自然之间是有联系的。就像您刚才说的那样，因为人与自然之间是有联系的，所以人与自然之间应该有道德关系。

刘老师：生态伦理这个问题比较抽象，有没有一些预备性的知识需要我们学习呢？

雷老师：掌握一些生物学的知识会比较好，不具备也没关系，每个人在生活中都会有不同程度的经验和直觉。

刘老师：现在的学生从初中就开始学生物了。刘天天，在你学的那些生物知识里，涉及生物与环境关系的，如果让你做个总结，你能想起什么？

刘天天：就是高二学的生态，讲人与自然环境的关系，包括生态结构、人的影响力等。

雷老师：初中学的生物学知识虽然不会给你直接的帮助，但间接的帮助肯定是有的，至少你对一些植物和动物有了很好的理解，这将会在你的心里形成一些感受，只要它们是活的，那就是一个生命，你就会在生活中认真对待每一个生命，甚至不会随意杀戮一只蚂蚁或者蜻蜓。因为如果这样做了，心里多少会有些自责。

刘天天：那要是面对蟑螂呢？比如，蟑螂比较少的时候，虽然不会对我的生活造成太大的影响，但是一般我们还是见蟑螂就踩。

雷老师：我想这多半是我们对蟑螂生活习性不了解所致，还有媒体的宣传，造成我们对蟑螂的恐惧。当你对蟑螂的生活习性有些了解的时候，就不会有这种恐惧了。一个真正能够适应环境的人，能够很好处理这个事物的人，都是对它们的生活习性比较了解的人。比如，研究鳄鱼的专家就知道如何应付鳄鱼，研究蟑螂的人就知道如何跟蟑螂打交道。我们认为一个物种有害，实际上是对它们不了解造成的。

刘老师：你们学生物的时候，老师讲不讲害虫、益虫的概念？

刘天天：提到过，说害虫和益虫是人为的规定，并不是真正有害或有益。但是害虫、益虫的说法，直到高中课本中还会这样写。

雷老师：“害虫”“益虫”的表述反映出很多问题。一个物种在自然界中生存和繁衍，一定有它的作用，从整体上看，它对整个生物圈的演化发展是有贡献的，这一点非常重要。用有利、有害加以区分，反映了我们看事物的角度有问题，这种分法是人类自私的表现。

刘天天：如果虫子也用这样的标准来划分人的话，

就会把人分为“益人”和“害人”。

雷老师： 这是同样的道理。我看过一个寓言故事，讲人类与其他物种争谁是地球的主人。人类说：“我们数量这么多，改变地球环境的能力很强。”老鼠说：“人类的数量还不如我们多，适应环境的能力也没有我们强。”在它们看来，人类自诩地球的主人是一件很可笑的事情。

刘老师： 这涉及一个很重要的问题，就是人的问题，是我们怎么看待人在地球这个生存环境中的地位问题。

刘天天： 现在绝大部分人还是认为人是地球的主宰者。

雷老师： 从对地球的改造能力上看，这种说法并没有错。人对地球的主宰跟人的力量逐渐强大，尤其是工业文明的发展有很大关系。通过科学技术的运用，我们确实越来越强大了。

刘老师： 关于人在地球环境中的地位以及人和自然环境的关系——对这个事情的看法的变化，是不是应该和生态伦理的发展密切相关？

雷老师： 从前关系不太大，因为生态伦理学作为一个学科出现得比较晚，但它的出现和发展确实对人与自然关系的理解产生了重要影响。

刘老师：系统的生态伦理理论是什么时候出现的？

雷老师：大约在 20 世纪 70 年代，也就是世界各国第一次坐下来开环境会议的前后。

刘老师：但是在此之前，应该还是有一些背景的准备的，比如一些特殊的事件，像环保活动的兴起、对人和环境关系更认识的深入等，也应该与此相关。比如，从环境保护的兴起和发展来看，一个标志性的转折点就是《寂静的春天》（*Silent Spring*）这本书的出版。刘天天你看过这本书吧？

刘天天：看过。

刘老师：那你还记得书中都讲了些什么内容吗？

刘天天：我印象比较深的就是不正常的安静的那种生态环境。

刘老师：当然了，《寂静的春天》实际上是一位生物学家的著作，是美国的一位海洋生物学家在 20 世纪 60 年代写的。它讲的是杀虫剂的大量使用给周围的环境带来了很多问题。你当时为什么读这本书呢？

刘天天：生物课作业。

刘老师：老师让读《寂静的春天》这本书，从意识上来说还是不错的。

雷老师：这是很好的做法。我个人认为这本书不仅中学生要读，大学生和研究生也都应该读。无论是在当时还是后来，《寂静的春天》对环境保护运动和环境保护思想都有重要的影响。而且，这本书本身就可以给你很多的教益，如怎样跟自然界打交道，对技术成果的运用应该采取怎样的态度等。这本书在很大程度上改变了人们对科学技术成果运用的观念。过去我们认为只要运用科学技术做出来的东西就是好的，但是这本书告诉我们，从生态角度来看，事情不一定如此。

刘老师：雷老师谈到了对科学技术应用的启示，在这背后，从生态伦理角度，还涉及一个问题，即在我们人类文明发展历程中，对人类文明本身的一种认识。人们现在知道，从进化的角度来看，我们是从猴子进化到人，再进化到有了文化和文明的人类的。在这个发展过

程中，人类经历了不同的阶段。最早是以农业为主的社会，到了17、18世纪，随着技术、工业的发展，进入以工业为主导的社会发展阶段，在这个阶段就出现了一些跟过去的农业社会不太一样的问题，发生了一些变化。在这个进程中，联系这本书，或者是着眼于这个标志性的转折，我们也可以发现一些关联。

雷老师： 这本书对现代工业进行了批判性反思。

刘老师： 对现代工业的批判性反思这点，你能通过阅读这本书感受到吗？这不是简单得像DDT杀虫剂是不是应该使用那样的问题。

刘天天： 我当时看的时候真没有看出来。

雷老师： 我想说的是，一本好书对转变人的观念是有很大帮助的，但我们不能指望通过一本书改变一个人的人生。在日常生活中，一旦遇到这样的问题需要处理或者面对的时候，读没读过这本书，你的思路是不一样的。我想，你现在肯定知道，DDT不是人类成功运用科学技术的例子。随着你年龄的增长、思想的成熟，你会慢慢从这本书中读到更多的东西。你可以通过杀虫剂或者工业化带来的一系列环境问题扩展开来，去认识我们整个技术和工业。现在的化学工业及相关的其他工业同样会带来各种各样的环境冲突，这些问题跟我们的生活密切相关，我想你可以通过认识和思考生活中各种各样的事物，最终形成一个总体印象。随着你在这方面了解得越多，你的思考会越深。

人类控制自然的观念在作怪？

刘老师：现在从一般的教育来讲，或者说和我们生活的相关性来讲，在工业文明出现以后，不管是化工、冶金，还是汽车制造，等等，确实让人觉得今天的生活很大程度上离不开工业的发展。当你谈到更深层的理解时，比如《寂静的春天》这本书，看似只是从杀虫剂这个特定的问题提示我们，但它的意义又不限于此。现在

对我们生活很重要的基础工业，跟人和环境有密切的关系，也有很激烈的矛盾冲突，这时，我们就要反过来认真思考一下我们的社会发展和工业文明了。

刘天天：当时，如果不用杀虫剂，粮食可能就会减产，就不足以维持人的温饱。人如果不想饿死，就要用杀虫剂，但用杀虫剂又杀死了其他生物，这个时候应该怎么办？

雷老师：这确实是一个两难的问题，像这种两难的问题，其实可以通过其他方式来解决。

我们在使用 DDT 的时候，是否应该更加审慎一些呢？是否可以使用其他替代方案？例如，我们可不可以找到一个具有与 DDT 类似的效果，同时对环境不造成更大危害的替代产品呢？或者，当我们知道 DDT 有这么大的危害后果，要不要禁止使用它呢？

据联合国粮食及农业组织的报告，DDT 的功劳是非常大的，人类生产的粮食里面大概有五分之二与 DDT 的使用有关，如果没有它的广泛使用，这部分数量巨大的粮食就都会被昆虫（我们通常称害虫）吃掉了。因此，我们可以想象，单就这一件事情看，你就会陷入一个怪圈里——虽然 DDT 危害大，但也不能完全禁止使用它。但是当我们展开来看时，就会发现，DDT 之所以效果明显，是因为它是针对一个单一物种的生态系统来运作的。在我们校园的荒地里，那些植物就长得很好，几乎没有什么害虫，完全不需要杀虫剂，为什么？这就是多样性在起作用。看待这个问题时至少有两点需要注意：一是以我们人类自身的利益为尺度，完全按照人的利益来改变生态系统，比如农田，田间的作物就只有一个物种，水稻或小麦之类。二是以自然生态系统的利益为尺度，用生态规律来处理这类问题。有一些生物学知识的人都知道，当生态系统中的物种数量很少甚至单一的时候，这个系统的抵抗力就很弱，就不得不借助施肥、杀虫之类的外部手段。现在我们已经意识到了这一点，开始采取在田间套种等方法来解决单一的粮食作物开发带来的问题。我想，以后我们会发现，其实还有各种各样的道路可走。杀虫剂这条道路产生的后果对环境的危害持续时间非常长，不仅危害环境，影响生物，还影响人，我们综合这些因素总体地看，杀虫剂的功劳几乎就可以被抵消了。我们需要找到比目前这种方法更好的替代方案，诸如生物防治。这么说并不是要否定目前的方案，只是说我们要慎用。

我想大家会理解《寂静的春天》这本书背后的真正思想，会认识到它的发人深省。正像书中结尾所说，所有的事件都与人类控制自然的观念有关，都是人类控制自然这种观念在背后作怪。控制自然的观念，其实是人类处在比较幼稚的发育阶段的观念。人类的文明历史很短，工业文明就更短，在这么短的时间里，人类就像一个幼稚的孩子，没有看清自然界的复杂性，就贸然地使用这些东西。当然，随着人类思想的成熟，人类慢慢会学会更多与自然打交道的策略，最终实现一个大逆转，尽可能减少或不再使用化学杀虫剂之类的东西。

刘老师：回到社会发展这个层面，我们说工业发展之后，人类和环境的冲突越发剧烈，那在工业文明出现之前，就没有冲突吗？

雷老师：现在很多人对环保人士有一种误解，认为环保人士是要把环境问题归咎于现代工业，要求人们回到原始状态。事实上，环境问题并不只是到工业社会才出现，早在农业社会，甚至在农业社会之前就已经有了，只不过表现的方式不一样而已。确切地说，从一开始，在人跟自然打交道的时候，环境问题就已经出现了，只是问题的大小程度不同。比如，农业社会中农耕与土地的冲突、工业文明中生产与资源的冲突等。文明的演变和环境变化关系很大，既有和谐的时候，也有冲突的时候，但是最后往往以冲突的结果而告终：这种文明要么消失，要么随着一个地区居住人群的迁徙而流动。在农业社会，因为人口比较少，地域比较广阔，所以一个地方出现了生态环境问题，人们还可以迁到另外一个地方。而在工业社会，情境就大不一样了，整个工业不可能搬来搬去，因此，工业社会中人与自然关系的冲突加剧了，一些局部性的问题变成了全局性的问题。如果我们考察人类文明的演变，就会想到，为什么过去那么多曾经辉煌的文明都消失了？像巴比伦文明和玛雅文明，甚至包括地中海文明，这些文明所在的地区过去都是经济很发达的地方，但这些文明最后都消失了，这种消失不完全是由战争、社会的变迁来决定的，战乱仅仅只是一个延缓或者加速文明演变的外部因素，真正的决定性因素还是生态环境。那个时候的生态环境问题主要体现在土地利用、水资源利用方面，比如不合理的农田灌溉和开垦导致了土地逐渐贫瘠和荒芜，最终变成不毛之地，人就得迁移，文明也就消亡了。有一本书写得很好，叫《表土与人类文明》。

刘老师：这本书我听说过，好像在国内流传不广，但是很有意思。它讲的是土壤的厚度和文明的关系。

雷老师：对。作者要表达的意思是，人类在表土上耕种，运用各种技术利用土壤，但土壤有寿命，通常不会超过一千年。作者对世界各国不同文明形态进行考察后得出了一个很有意思的结论，他发现，一个文明再兴盛也不会超过 60 代人。过了 60 代以后，基本上就会趋向衰落，衰落的主要原因是对土地的利用出了问题。土地逐渐贫瘠，人们就不得不再次转移到其他地方去。所以他引用了一句名言："文明人跨越地球表面，在他的足迹所在之处，留下的是一片荒漠。"凡是原来肥沃的土地，经过人类的活动，最后都会变成不毛之地。众所周知的撒哈拉大沙漠，其实早期是非常肥沃的土地，后来也是由于人类不合理的活动，当然再加上一些地质和气候因素的作用，最后变成了不毛之地。回头看看我们中国的历史——西域、楼兰古城、丝绸之路，过去都有很辉煌的文明，今天也变成了不毛之地。华夏文明的经济活动中心原来在黄河，后来转移到长江流域，经济活动越来越往南迁移。单从人类活动的轨迹就可以看到，人类活动尤其是经济活动对土地的影响。如果我们从土地利用的历史来分析，就能看到人类对土地的运用是不合理的。

刘老师：那么，你认为这种状况是自然规律，还是我们人类自身的问题导致的？

雷老师：两方面都存在，但主要还是人类的不合理活动。作为生物，人对环境不可能一味被动地适应，肯定要对自然进行积极的改造，使环境适合自己生存。作为社会性的生物，人在早期利用环境的时候，肯定会出现这样那样的问题，但那个时候地域广阔，人的生活要求也不高，也没有像现在这样全力追求物质消费的意识。工业社会到来以后，生活质量提高了，欲望也相应地增强了，当然，人口也增加了。在这样一种状态下，如果我们还沿用原来那样的思路，很可能就会使资源、环境达到它的极限。所以，工业社会所带来的这样一些问题，远比农业社会要严重得多。

刘老师：按照这样推论，进入工业社会以后，人和自然的关系更紧张了，对于环境保护的需求就会更加迫切。

雷老师：应该是这样。当这些问题影响人自身了，人就会觉悟，会去考虑一些问题或想些办法。这也是人作为一种生物所具备的一种本能。人类是一种理性动物，在兴盛的时候就已经开始考虑这个问题，人类想到的解决办法之一就是利用科学技术来解决现在面临的环境问题。但是，现在我们也看到，技术发展越来越先进，环境问题却越来越严重。如果单凭技术不能解决环境问题，就一定还有技术以外的因素。事实上，环境问题的成因十分复杂，但总体上说是由人类活动造成的。因此，要解决环境问题，就需要通过经济、法律、行政等多种手段来抑制人对自然的毫无约束的行为，使人与自然的冲突由尖锐逐渐转为缓和。

刘老师：也有不同的说法，有人认为现在这么多环境问题不是伦理可以解决得了的，最终还是要靠科学技术解决。

雷老师：这个说法有道理，但是比较片面。我们知道，环境问题是一个综合性的社会问题，单靠某一方面的手段是不可能解决的。在这里也不能只指望生态伦理来解决环境问题，但把伦理维度加入解决环境问题的方案显然比没有这个维度要好。科学技术手段的情况也是如此，不过它的帮助会更直接些。

刘老师：实际上现在很多环境问题的出现也跟今天科学技术的发展应用有关。但也有人说，恰恰是因为现在科学技术发展得还不够，今天解决不了，不意味着未来解决不了。对于这种信念你怎么看？

雷老师：我觉得这是一种比较乐观的看法。但这种乐观的观点，其实无助于环境问题的解决。这种观点是基于对科学技术未来发展前景这样一个美好展望为前提的——我们相信科学技术能够解决环境问题。但影响科学技术发展的因素很多，科学技术能不能在人类刚好面临灭绝灾难的时候，出现一种挽救的力量，一分一秒都不耽误地恰到好处。我们很难想象，在千钧一发之际，科学技术能有这种拯救力量。万一科学技术新发明在我们面临灾难时没有出现，该怎么办？因此，我们应该把对未来的寄托建立在比较审慎考虑的基础上，而不是建立在一种对未来盲目乐观的态度上。为了使人类有一个美好的未来，我们宁愿把问题想得更严重一些。因为这样可以激励我们在真正的灾难到来之前，找到一个很好的解决办法。

刘老师：刚才你说人类在最后一秒钟用科学技术解决问题，那是一种侥幸。

雷老师：对呀，我们怎么能够把自己的希望寄托在这种没有保障的事情上呢？所以，与其这样期望，还不如现在就来考察各方面的因素在未来的发展中会怎样影响人与自然的关系，想办法通过对各种因素的调节，使得这种关系变得缓和些。我想，一种比较明智的方法就是找到这样一种途径，使我们现在就对从自然资源的利用到占有等观念有一个适当的调整，最终减缓人对自然资源需求的压力。这样，至少可以在现有情况下延续我们在地球上生存的时间，这种延续也会给科学技术发展出新的生存方法争取更多时间。

03

第三日

「益虫」「害虫」和生命的价值

“四害”的标准从何而来？

刘老师：前面我们已经讲到害虫、益虫的问题了，这次我们要讨论灭“四害”的伦理问题。刘天天，老师在生物课上讲到害虫的问题时，有没有提到过去我们国家灭“四害”这样一些事情呢？

刘天天：学校正常的生物课没有提到，但是我记得自己特别小的时候，听人讲过灭麻雀的事。说是当时人们到处赶麻雀，最后把麻雀累得吐血而死。

刘老师：这是个比较久远的故事了。在新中国成立以后的“大跃进”时期，曾经把四种动物列为“四害”，就是麻雀、老鼠、苍蝇和蚊子。当然，你是在“自然之友”听人讲的。我们现在虽然偶尔可以看到吃麻雀之类的事，但总的来说，不会像过去那个时代那样追着麻雀到处打了。现在，看到麻雀也多了，我们确实感到很欣慰，甚至有的时候开玩笑说，现在的麻雀都比较肥。

雷老师：家丁兴旺。我们家窗外的爬墙虎与空调室外机之间就有一窝麻雀，里面孵着小鸟，每天早上天一

亮，大概五点多钟，小鸟就开叫，估计是饿了要吃的。

刘老师：你没想因为这个把它们灭了？

雷老师：因为常常被吵醒，很烦，所以有时也想过，但回头再想，总觉得它们也不是有意的，只是为了生存，如果把这个窝给端了的话，这个家庭就毁灭了。

刘老师：那怎么办呢？

雷老师：由麻雀的生活我联想到整个生物圈。任何一个物种，如果没有天敌且食物充足的话，那就会不得了，现在麻雀的状况就是这样。我们随地乱扔东西，到处都是食物，麻雀的食物来源也变得更广谱了，人吃的东西它吃，人不吃的东西它也吃。城市绿化的提高也给它提供了一个很好的栖息地。再加上现代人观念的变化，很少有人伤害它，以至于麻雀不再见到人就赶紧躲避，这当然是一件好事。可是，麻雀多了以后噪声非常严重，并且粪便到处都是。当然，大家多多少少还是会容忍的。但是在自然状况下，麻雀种群是不可能这样发展的。

刘老师：过去我们灭“四害”的时候，中国人曾一度成为麻雀的一号天敌。

雷老师：所有动物最后的天敌都是人。

刘老师：今天我们已经认识到不应该像过去那个时代那样对待麻雀了，但那个时代人们视它为“四害”之一，理由是因为它吃粮食。

雷老师：我觉得这个说法不能说是完全错误的，因为我们关注的焦点不同。过去我们只看到麻雀吃粮食，没有看到它也吃其他昆虫。现在发现，它吃昆虫比吃粮食的时候多。从它的食物构成方面来讲，蝗虫之类的昆虫是它的主食，因为蛋白质含量高，粮食作物主要是淀粉类的东西，对它而言并不是最好的食物。

刘老师：那个时候公众忽视了生态学方面的研究结论。今天在麻雀的问题上，我们的意识有了很大变化，但对“四害”中的其他“三害”（老鼠、苍蝇、蚊子）的态度好像比麻雀更微妙一点，更值得分析一下。很多人还是会把它们理解为害虫吧，或者有害的动物。

雷老师：这种理解，我认为是没有弄清楚它们的生活习性和它们在生态系统中的位置，仅仅是根据我们直观的感受得出的结论。在人们的观念中，老鼠不仅传播疾病，还跟人类争夺粮食；苍蝇、蚊子也都传播疾病，是不卫生的东西。但实际上，随着我们对它们的生活习性和对人类的用处的理解越来越深，认识自然就会发生变化。就苍蝇来讲，河南省有个名叫靳任任的女孩，用人工的办法大量繁殖蛆虫作为动物性饲料喂鸡，鸡不仅长得好，而且不闹鸡瘟，蛋黄品质也非常高，她养的鸡下的蛋每斤要比普通鸡蛋贵一元钱。以往大家大多是在肮脏的地方看到蛆，所以感觉不好。事实上生长在干净地方的蛆是不会让人有恶心的感觉的，比如实验室中装在瓶子里的果蝇幼虫。

刘老师：人们是不是感觉恶心，与我们过去接受的教育又联系在一起。

雷老师：对，现在人家把它作为家禽的高蛋白饲料来生产，销量非常好，生意也做得很大。可见如果我们转变观念，把对我们有害的一方面加以限制，把有利于我们的地方挖掘出来并加以利用，这个“害虫”就变成“益虫”了。

刘天天：它好像是有有利的一面，但是不能掩盖它有害的一面啊。

雷老师： 你可以想想，哪一种生物不传播疾病？肯定没有。苍蝇作为一种昆虫，它和人类靠得最近，因而它携带的病菌最容易传播给人类，但这不是苍蝇的错。在这个空间里，没有苍蝇也会有别的生物传播疾病给人类。看一个生物，不能只看它有害的一面，要客观、全面。其实你仔细地分析一下苍蝇的功能，就会发现它有很多对人类有利的地方。比如，现在的仿生学模拟苍蝇复眼的构造，制造各种各样的仪器。现在的认知科学领域里，蝇是很好的实验材料，因为它构造简单，我们可以通过对它们行为的研究，看看简单生物是怎样通过学习获得相关经验的，从而揭开复杂的认知系统的奥秘。早期的生物学研究也是这样，只不过用的是个体更小一点儿的果蝇。

◎ 蝇头部的精细结构

大家知道，基因学说的建立是探索生命本质过程中的一个重大发现，作为生物遗传与变异基础的基因位于细胞里的染色体上。美国生物学家摩尔根的这个发现就得益于果蝇这个非常好的实验材料。就蝇类而言，它们对人类的好处远大于害处。所以，我们对苍蝇、麻雀、老鼠还有蚊子，都应该从各个方面来综合评价，不能单从某一点上得出结论。

刘老师：比如老鼠吧，和苍蝇可能还是类似的。我们可以极端地分析一下蚊子。

刘天天：我今天还被蚊子咬了一口。

刘老师：你怎么看蚊子？

刘天天：我觉得不管怎么说，即使咱们说“害虫”并不是真的是害虫，只是在某些方面对人类有害的虫子，但我仍然觉得蚊子这种东西相当讨厌。

刘老师：我想雷老师也觉得它很讨厌。

雷老师：作为一种生物的本能，我会讨厌它。蚊子咬我的时候，我的第一反应是打死它。如果单纯从人的利益角度来看，蚊子吸我们的血，并且传播疾病，因此蚊子对我们来讲是害虫，这样划分没有什么问题。不过，这仅仅是从人的利益角度来评价蚊子。如果我们超出人类自身，从整个动物物种的角度来考虑这个问题，我们会发现，蚊子就是以吸血为生的，它既吸人的血，也吸其他动物的血，只要适合，它都会吸，吸血是它的生存方式。吸血这件事对所有被吸血的动物来讲都是讨厌的。但是，在一个生态系统中，一个物种如果没有另外一个物种制约它，这个物种就会造成灾难性的后果，整个生态系统最后也必然崩溃。这就是为什么自然生态系统在造出人来时还要造蚊子或者类似蚊子这样的东西。

人类有资格定义“害虫”吗？

刘老师：这里有一个特殊性，人是很特殊的物种。我们知道老鼠、蚊子不太可能坐在一起开会讨论生态伦理学的问题。只有人有这样一种能力，而且这种能力反映在各个方面，可以对其他动物产生制约。正因为人类在整个生态系统里的特殊地位，因此我们才会讨论人和其他动物的关系。前面我们讨论的“四害”这个例子，引出了人类对于“害虫”“益虫”的划分。第一个问题，我们这种站在人类自身立场上的划分，对还是不对？

雷老师：这个问题要从两个层面来看，如果你把人当作整个生态系统中的一个物种，这样的划分没有所谓对错的问题；但是你刚才讲到人的生理功能非常特殊，如果站在一个特殊的位置去评价的话，这种划分是不妥当的。

刘老师： 因为人特殊，所以对他的要求高。

雷老师： 对，这也涉及两方面的问题。前面讲过，物种之间都有相互制约的关系，所有的物种，以生物属性来生活的时候，遵循着自然法则，如种内和种间的竞争关系。但是人类很特别，人在早期也是作为整个生态系统中的消费者出现的。在生态系统里，植物是生产者，通过光合作用产生碳水化合物，供其他的物种使用。动物则消费它，比如一些草食性的动物，兔子、牛、羊等；还有一些吃这些食草动物的动物，我们称之为食肉动物，像猛禽、豹子、老虎之类。人也是一种动物，但人的食性比较杂，既吃植物也吃动物，也就是杂食性动物。人作为一个物种，在自然生态系统中的地位和其他动物是一样的。但由于人有发达的大脑，思考能力比较强，因而能够大范围改变他所处的生态环境。在整个生态环境中，人除了消费者的角色以外，还对生态系统有一定的调节和控制作用。尽管现在从大的范围来讲，人的调节能力还不是很强，但在很多小的生态系统里，或者在某些区域的生态系统里，人的调控水平已经很高了，比如人能构造城市化的环境系统，并将整个城市生态系统都掌控在自己的手中。因此，人除了消费，还具有调节控制的能力，这样，人就被赋予了调控者的角色。

既然人是一个调控者，那么，明智地调控自然生态系统就需要用理性的手段。所谓的理性，就是需要缜密思考，不能随心所欲，只为了自己的利益来做事。因为你要是调控不好的话，这个系统会出问题。所以我们努力使生态系统对人、对动植物都持续有利，这就是我们常说的理性的思考方式。理性的思考方式使人与其他动物区别开来，使人更像人。

因此，人的属性是复杂的。作为一个消费者，人跟动物没什么区别，用这种观点把蚊子看作害虫，应该没有什么问题。但是，作为一个调控者，人就不能随意撇开其他因素从自己的角度去看问题了。大自然赋予了人类比其他动物多很多的优厚条件。在自然界中，人类既是“运动员”又是“裁判员”，这本身就不太公正，如果再从调控者的角度，只想着为自己谋福利，就必然会损害其他生物的利益。因此，作为一个有智慧的生物，我们不能用对人是否有利或者有害来划分动物，从这个意义上讲，蚊子不应该被定性为害虫。因为在自然界中，动物有有害的一面，就必然有有利的一面，因而无所谓益虫与害虫。

刘老师：以你的说法，实际上是在分析益虫、害虫的判定不对，但是这个说法基本上还是基于科学。

雷老师：是啊，现代科学，尤其是生态学的研究已经清楚地说明了这一点。

蚊子也有道德关怀资格？

刘老师：除了科学的依据以外，在生态伦理学的意义上，应该也可以找到一些依据吧。咱们前面已经讨论了那么多生态伦理学和一般伦理学的概念，现在先做一个实验。刘天天，你以前没有学过生态伦理学，不过这没关系，如果让你从伦理学的角度思考，你能想到什么可能的依据吗？

刘天天：我觉得，如果一个杀人犯因为杀了人就要被杀，这是社会对他的一种制约性的惩罚，这是符合伦理的。那么，蚊子伤害了我们，我们就可以伤害它们，这也是一个社会公认的道理。那么从伦理上，杀蚊子应该是可以被允许的吧。

雷老师：我刚才讲的是我们对待动物的基本态度，

就是说你在与所有动物打交道的时候，脑子里都要有这样一种意识，没有充分正当的理由就不应该伤害任何有生命的东西，这是动物伦理的一般要求。因此，我们有时候要站在动物的角度来考虑问题。如果只是从毁灭生命的角度来理解这个问题，从伦理学的角度来讲，所有毁灭生命的行为都是恶的行为。蚊子是有生命的，我们应该寻找让蚊子不咬我们的更好的办法，至少让它觉得叮人对自己不利，而不是简单地打死它，这样就可以避免道德上的困境。

刘老师：从生命的价值来看，原则上可以这么说，但是在现实中，如果你打死了一个人，你就犯罪了，但你打死一个蚊子却不会因此被判刑。

雷老师：蚊子的例子是比较特殊的，我们不可能像对待人一样地对待蚊子。在伦理层面上，自然界中的所有生命，就与人的关系来看，存在着一个价值序列。跟人关系越近，它的存在价值就越高，猴子、猩猩肯定比蚊子的价值高很多，打死一个蚊子没什么，杀了一只猴子、一只猩猩，大家会难过。不同价值带来的伦理关怀也是不一样的。作为同类，人对人就必须百分之百地关怀。对动物，我们就做不到百分之百，常常会打些折扣。通常，在人与老虎发生冲突的时候，为救人就不得不打死老虎。同样，老虎的价值与蚊子显然是不同的，我们既不会要求像保护老虎一样地保护蚊子，也不会认为杀死蚊子与杀死老虎同罪。

刘老师：在现实中确实是这样，但如果我们从理想的生态伦理学的角度来说，这种不同价值的分配是合理的吗？

雷老师：从生态伦理学乃至伦理学角度来看，这类问题都是难处理的，不是说理论上不太好处理，而是理论与现实存在冲突。理论上要求我们尊重生命，但现实中如果完全按照理论的要求去做，我们自己可能就活不下去。伦理学中有很多这样的两难问题，这就是为什么在我们的生活中有很多困境的原因。如果事事弄得很清楚，就没有必要争论什么问题了。前面所说的一定要搞一个生命的价值序列，就是要解决这些争论和困境。可以想一想，如果自然界中所有生命的价值都是绝对均等的，那就意味着我们在道德上要给它们同等的关怀。同等的道德关怀会带来什么问题呢？杀死一个人与杀死一头大象、一只老鼠或者蚊子都是一样的罪恶，这显然与现实生活中的情形相冲突。

刘天天：但是，如果杀死一只蚊子和杀死一个人的罪恶是等同的，那么我们处决杀人犯的态度与处决一只蚊子不也应该是一样的吗？因为二者都会对他人生命构成威胁。这个时候，杀人犯的生命可以处决，蚊子的生命应该也可以被处决。

雷老师：刚才说了，从毁灭生命的角度看确实都是罪恶的，但如果不从这个角度看，两者就有本质的区别了。我们之所以要把杀人犯绳之以法，是因为他威胁到我们的生命了，如果他仅仅是偷了你的钱，你不会把他当成杀人犯来处理，这是第一点；第二，法律是强的惩戒，有威慑作用，目的是让那些有杀人企图的人三思，从而最大限度地保护公众，因此处决杀人犯是一种被动的、不得已的方式。当然，现在也有人从人道主义角度考虑是否要废除死刑，就是基于毁灭生命是恶的行为方面来考虑的。不过，要明确一点，法律量刑的对象一定是有行为能力的人，无行为能力的人是不会被判刑的。蚊子的情况与人就完全不同了。第一，它无行为能力，吸血是本能；第二，它无非吸了你一点儿血，并没有威胁你的生命嘛。

刘老师：这里头还涉及一个生态伦理学的概念，即权利平等。在生态伦理学层面，我们是不是可以说，所有的动物都是平等的呢？

雷老师：原则上是这样。在动物伦理中有一个基本原则，就是所有动物皆平等，或者有感觉能力的动物从道德上讲有平等的权利。研究动物伦理的学者中有一位澳大利亚人，名叫彼得·辛格，他写过一本很有名的书叫《动物解放》（*Animal Liberation*），就是专门论证所有有感觉能力的动物都拥有道德关怀资格，跟人一样拥有不受伤害的权利。

刘天天：我看过。

雷老师：这本书有很多的案例，都是人类对待动物的各种触目惊心的事实。他说，这本书的宗旨就是讨论人类对动物的暴行，这种暴行由来已久，今天则更为严重。他认为，人类对动物的暴行可以跟早期白人对黑人的暴行相比拟，所以，反对对动物施暴，其重要性不亚于反对对人类的施暴。他要求人们为反对这种暴行而战。这是一本非常好的书，书的开头一章就从学理上展开了讨论，阐述为什么要把道德关怀的对象扩展至所有动物，题目就叫"所有动物都是平等的"。当然，他讲的动物是指有感觉能力的动物。如果一个动物有感觉能力，能感觉到快乐与痛苦，你给它带来的伤害使它感觉到了痛苦，那么，你的这种行为就是不道德的。对于为什么是不道德的，他做了很严格的论证。事实上，这样一种认识方式就来源于我们前面讲到的功利主义伦理学。

刘老师：我插一句。刘天天，你小时候大家一起看报纸，有件事你可能还记得，那个书评里头有一个大耳刮子，你还记得吗？

刘天天：大意是说“我要是那只大猩猩，我就给他一个大耳刮子”。

刘老师：好像是出自克里克写的一本书，我记不太清了，可以查证一下。在讲到动物实验的时候，他说因为猴子、猩猩没有痛觉，所以好像拿它们做实验也没关系。当时我们这个圈里一个叫田松的人写了一篇书评，非常生动。他说他要是大猩猩，听到这个人这么说，恨不得给他一个大耳刮子。还有一个例子，是我们清华大学的一位老师，他对伦理学非常有看法，认为伦理学是胡说八道。他也认为从科学上来说很多动物没有痛觉，所以我们拿它们做实验或者伤害它们没有关系。事实上，从科学的意义上来说，动物有没有痛苦和感觉是很难说清楚的，因为目前我们对有关问题的研究是很表面的，很不深入，甚至究竟什么是痛觉这个问题本身就非常复杂。当然我们自己能够感受到疼痛，但是其他动物究竟怎么样，我们真的没有概念。至少有一点，你说它没有痛觉这件事就很冒险。再说，就算它真的没有痛觉，你就可以随意对待它吗？

雷老师：你说得很对，即便动物没有痛觉，我们也不能随意处理它。因为这样做体现了我们对生命的尊重，这是一个人的生活态度问题，跟是否搞科学研究没有必然的关系。做研究的人更能够也更应该明白这个道理。前几天看莽萍写的《绿色生活手记》就很有感触。其中说到她参加了一个爱鸟组织举办的观鸟活动，这个有生物老师在内的观鸟小组居然用国家明令禁止的粘网捕鸟，为的是把鸟抓到手中观察，结果一些无辜的鸟因此折断了翅膀，这等于是要了它们的性命嘛；还有，生物老师抓到好看的蜥蜴和蟾蜍就拿回家做标本，全然不知一个生命甚至一个动物家庭就因此毁在了他的手里。这些都反映了一个人对待生命、对待生活的态度。我想，生物老师不应该不明白这些道理，否则跟学生讲什么呢？遗憾的是我们的科学教育中没有尊重生命这一课。大家看过电影《鸟的迁徙》和《帝企鹅日记》就会知道，这些动物都有自己独特的生活方式和表达情感的方式，只是人类不知道就断然说它们根本就没有这种能力，这是非常武断的。所以，这个时候最需要做的是第二次思想启蒙，即做伦理道德的思想启蒙，告诉大家把尊重生命作为基本的生活态度。动物伦理要做的大概正是这样的事情。

回过头来，我们讲感受痛苦与快乐的问题。功利主义伦理是从有没有这种感受能力上判断人和动物是否有道德关怀资格的，当然，功利主义伦理不一定就是唯一的判断标准。为什么这么说呢？我举一个极端的例子，植物人对外界没有什么感觉，我们就不应该去关怀他吗？显然，不能这样做。同样，对于那些已经有了科学结论证明它们有感觉能力的动物，我们完全可以按照功利主义的伦理原则来对待。这就是为什么很多动物保护主义者都认同这种原则的理由。另一方面，从传统伦理学，也就是大家公认的人与人之间的伦理关系直接推演过来，容易为人们接受。功利主义伦理学强调的是感觉能力，它的代表人物边沁曾经说：我们判断一个存在物是不是有接受道德关怀的资格，不是看它是不是人，是两条腿、四条腿还是八条腿，而是看它有没有感受快乐和痛苦的能力。今天我们都知道，凡是给人带来快乐的行为都是善的行为，凡是给人带来痛苦的行为都是恶的行为，这实际上就是功利主义伦理学的基本原则。扬善避恶是我们社会的基本要求。为什么我们不能伤害他人？因为伤害他人就是给人家带来痛苦，是一种恶的行为。

一种动物，如果它有感受快乐和痛苦的能力，这就意味着这种动物能够对什么事能使它快乐、什么事会使它产生痛苦进行判断，这个动物就获得了道德关怀的资格。因此，感受快乐和痛苦的能力是决定动物能否拥有道德关怀资格的重要条件。人有这种能力，所以就应该受到道德关怀。狗也有这种能力，它看到你手里拿着一个包子，就追过来要吃，因为吃这个包子对它来讲显然是快乐的事；如果你不给它吃，反而从地上捡一块大砖头砸它，这个时候它本能的反应就是掉头逃跑，因为砸它会伤害到它，这是一种本能。有感受能力的动物（包括人）都有这样一种本能。事实上，求乐避苦、趋利避害是所有生物的本能。有感觉能力的动物在这方面的表现更加明显一些。因此，按照这样一种伦理标准，我们就不应该伤害动物。

这个标准已经模糊了人和其他动物的界限，按照这种功利主义伦理逻辑推出来的结果，对动物讲道德就是件很自然的事情，它本来就应该是这样，只不过我们以前不太明白而已。

刘老师：在动物保护中，按照这个概念，蚊子是不是属于可保护的，这还是个问题。

雷老师：对动物解放论者来说，蚊子不具备感受苦乐的能力，所以通常不在保护范围内。从理论上讲这种说法没有什么问题，但不管怎么说，蚊子之类的昆虫也是生命，因此有人认为你伤害它就是犯了物种歧视的错误，动物权利的观点是要求所有的动物都要被保护。

刘老师：这个与你讲的解放论者的动物保护是不一样的。

雷老师：事实上，动物保护阵营里，也有从温和到激进各种各样的派别、各种各样的理论。

刘老师：这么多不同的观点，要求也不一样，就上面所说，你最倾向于哪种立场？

刘天天：我现在对这个很迷糊。

刘老师：迷糊在哪儿？

刘天天：应该说，道理都有，你不能说哪个是错的，但是好像在有的方面又有一点冲突，所以不知道哪个是正确的，或者根本没有正确的，就是说，这些不同的观点都属于个人不同认识的问题？

刘老师：你说的主要冲突能举个例子吗？

刘天天：比如动物解放论者的观点应该是不反对杀蚊子，但是动物权利论者的观点是反对杀蚊子，那我们到底杀不杀蚊子？

雷老师：上面说的只是理论上应该采取的态度，在现实生活中不一定能完全做到。

人类为何需要伦理的约束？

刘老师：我们刚刚谈到动物解放伦理立场和功利主义伦理原则的关系，也谈到了一般的动物保护理论所认为的所有生命具有同样平等的权利。现在我们退回来一点儿，再说说动物解放论者的立场，因为我们经常看到报道。

刘天天：刚才说所有的动物都有平等的权利，但是自然界的一些动物为了生存，也会去杀另一些动物。这个过程中，这些动物是不是应该跟我们有相同的道德标准？我们不能杀蚊子，是不是老虎也不能吃羊呢？

刘老师：不，你混淆了一个最基本的前提，我们现在谈论的是生态伦理学，伦理学只对人有，是不是？你不要认为老虎会思考伦理学问题。

雷老师：人之所以不能无端地伤害其他动物，是因为人跟它们有很大的不同。人的生存方式有两个层次，一个是动物层次，这是人的自然属性所决定的；另一个是文化层次，人的生存有文化形态的支撑，这是人与动物根本的区别。我们所讲的伦理都是在文化层面上的，如果是在动物层面上，人与动物是没有区别的，都靠生态规律来支持，任何行为没有伦理上的问题，都是生存需要。老虎吃斑马、羚羊是一种生存本能，是生态规律驱使的。人不能用文化层面的东西去界定动物层面的行为。

刘老师： 我们谈论伦理的时候，是在人文的范围内，人文的范围得有人。

刘天天： 在这个意义上，人跟那些动物还是不一样。

刘老师： 就是不一样。

刘天天： 是因为人要考虑伦理，那些动物不用考虑，所以人跟动物还是不一样？

刘老师： 刚才雷老师不是讲了嘛，因为人的特殊性啊，人跟别的动物比，有很多其他动物都不具有的能力。

刘天天： 这个说法是不是跟人和动物平等是矛盾的？

刘老师： 我是这么看的啊，平等有不同的意义。我们刚才谈的更多的是一种平等的存在的权利、生活的权利。你类推一下，在现实社会中，有的人很有钱有势，也很聪明，有的人有智障或残疾，等等。按照这个意义，人在能力、贡献上，从一般的价值理解来看，是不平等的，是有差别的。但是从另一种意义上我们也说是平等的，不管他们是否残疾，是否聪明，是否有钱，是院士还是民工，他们生存的权利是平等的。

刘天天： 那老虎和羊的生存权利是平等的吗？

刘老师：你又回到这儿了，我们看待、思考人和动物之间关系的时候，认为所有的物种都是平等的，这个平等的前提是指导人怎么对待这个事情，不是指导老虎要不要吃羊。老虎吃羊，羊吃草，这一层一层的，是动物之间的生存本能在起作用，生态学的规律支配着它们。人跟那些动物相比有根本性的差别，人有独立的思想，特殊的意识、智慧，而且由于这个原因，他比任何其他物种都更强大、更有影响力。类比地说，人在人类社会里也是一样，一个人如果能力越大、权力越大，对他的约束就要更强，因为他一旦滥用这个权力，就会造成更大的危害。比如，一只老虎造不出一颗原子弹来，人可以造。

刘天天：一个人也造不出来。

刘老师：一群老虎也造不出来，是吧。我们以这个为例来说明，人对周围环境有更大的影响力，甚至破坏能力，所以要有约束。伦理实际上就提供了这样一种约束。这是非常基本的约束，不是强制性的，法律就是强制性的。伦理可以提供的约束是对人的约束，因此跟人有关。

刘天天：这么说，所有物种都有最基本的生存权，人要尊重这些生存权。那么人为了自己的生存去损害其他动物的生存权，跟人要尊重其他动物的生存权是不是矛盾？

雷老师： 当人面临生存危机的时候，人主要靠生物本能起作用。我们不排除一些高尚的人有高尚的行为，但总体而言，人的求生愿望会主导他的行动，这是本能的驱使，无所谓道德问题。只有在他的利益，尤其是最基本的生存利益没有受到威胁的时候，他才可能或需要跟其他生物讲伦理。这是一个基本的前提，当你了解了这个前提，就不会再提“当老虎要吃你的时候，你还会跟它讲伦理吗”之类的问题。

刘天天： 如果人害得一个物种灭绝了，在伦理上是要负责任的。举一个例子，非洲某个地方蚊灾非常严重，传播致命的疾病，这个时候大家一起把那个地方的蚊子全部消灭了，有的物种就完全消失了，这个时候人对蚊子的灭绝是不负责任的吗？

雷老师： 依靠人类现在的能力，是可以灭绝这个物种的。前面刘老师也讲到了，既然你拥有了灭绝它们的能力，道德力量就会要求你谨慎地使用这种能力。比如，我们现在完全有能力消灭天花，而且已经消灭了天花，但理智告诉我们，不能消灭天花。因为在我们不了解天花病毒这个物种实际的生态功能，不了解它与各个物种究竟是何种关系的时候，不能贸然地处理掉它们。任何一个物种的灭绝对我们来说都是一件非常糟糕的事情。现在搞不清的问题，将来总会搞清楚的，不消灭一个物种就能给我们在未来理解它们留下一个很大的余地。

刘老师：这个问题回答了，可以理解了吧。

刘天天：嗯。

如何看待动物实验中的伦理问题？

刘老师：回过头来，我们看到报纸上、媒体上经常有一些报道，说在西方一些国家，经常有一些动物保护组织冲进实验室去抗议动物实验。这个当然也跟动物解放运动有一定的联系，这个应该怎么看？

雷老师：动物保护组织，尤其是信奉动物权利和动物解放的保护组织做这类事情是很自然的。他们坚信动物解放和权利原则，相信那是正义的。他们认为放走动物是解放了动物，他们只是做了那些物种想做而没能力做的事。他们把自己看成是动物的代言人，要为那些处在弱势地位的动物说话，为维护它们的权利跟人类抗争。

他们认为自己的行为是正当的，没有伤害人的生命，同时又解救了正在遭受人类伤害的动物，所以是件善事。当然，也有一些极端的动物解放阵线成员会攻击一些使用动物饰品的消费者。他们把这些人看成是祸根，这种极端的行为并不被广泛认同。任何地方都会有一些有组织无纪律的人，因此也不必奇怪。人身攻击总是不好的，但有时，这种激进的做法却能起到令人意外的作用，这一点西方人与我们多少有些不同。我们的行动总是按照中庸法则，看问题也尽量辩证一些。西方人往往会用比较极端的手段使你关注这个问题，从而促使政府加强立法，最后合理地解决这个问题。这是他们社会体制运作的一种方式。所以我们看到，动物解放阵线的这些成员做了很多很多的事，甚至触犯了法律，被关起来。

前两年，媒体有个报道，说英国的动物解放阵线成员霍恩在狱中绝食身亡。他把实验室的动物放出来之后造成了实验室很大的损失，结果被起诉，被关到监狱里。他用绝食表示抗议。在接受记者采访时他很坚定，他觉得他就是动物的代言人，他看到动物遭受痛苦的时候就如同看到自己的兄弟姐妹遭受痛苦，他无法忍受。把动物看成自己的伙伴，这是一个很高的境界，所以他坚持绝食，他认为这种行径不被禁止的话，他的绝食就不能停止，最后他死了。在我们常人看来这个人有点奇怪，也许精神不正常或者很另类，但是，如果你从动物解放的理论来看，他就是一个坚定的动物解放论者，是一个真正的动物代言人。你会对他产生尊重之情。你可以想想，这些人的行动付出的代价很大，最后换回来的是什么？是社会的关注和政府的立法。今天我们看到的有关动物福利法案和反对虐待动物法案都与他们的行动有关。在西方，虐待动物是很严重的事情，动物实验有很严格的审查制度。如果没有正当的理由申请实验动物，或者不告知实验动物的数量是多少，可能就做不了实验。这样做是为了最大限度地减少对动物的伤害。所以，从这个角度来讲，他们做了一件好事。但现在需要做的是在已有的法律框架下行动，尽量不要伤害人类。

刘老师：相比之下，我们国家在这方面落后了很多。和这个问题连带的还有另一个问题，我们有一个观点，当然在西方国家一部分人里也有，就是认为我们做动物实验是为了发展科学，为了人嘛，所以应该以人为本。这种立场的出发点跟动物解放论者显然是不一样的。这种观点好像在国内很有市场，也很流行。

雷老师：确实是这样。无论在中国还是在西方国家，人的利益是首要的，只不过这种观念在中国更普遍一些，因为过去我们没有考虑到这方面的问题。这里我们要走出的一个误区就是：不是一说保护动物就必然是不考虑人的要求。事实上我们在考虑问题的时候，始终没有离开“人”这一主题。人的权利和利益是重要的，但仅仅看到人的权利，视野不免太狭窄了。维护动物的权利与削弱人的权利之间没有必然的关联。这里大家要注意，动物伦理学所强调的是人的正当权利，它要削弱的是人的不正当权利，因此，两种极端都不好。一个是认为所有的动物都没有差别地平等，另一个是把“以人为本”错误地理解为只要为了人类的需要，我们可以肆意地处理动物。前者会使得我们基本的生活需要无法满足，后者会使我们变得很野蛮。一个真正的动物解放论者在处理人与动物关系的时候会充分考虑行为的正当性。比如，人类如果能够找到其他替代的研究手段，少用或者不用实验动物，那么，为什么我们不去考虑走那条路，而硬要走对动物施暴的路呢？

虽然我们拿动物做实验来促进生物学和医学的发展是非常有效的，但这种途径并不是唯一的。我们还应该积极地寻求其他同样有效又不伤害动物的方法。目前在没有找到一个比较有效的替代方案之前，我们还是要用动物来做实验，但是我们应该对这些实验动物有感激之

情，是它们付出了生命代价来为人类服务，因此要尽可能地减少它们的痛苦。但遗憾的是，我们的课程里缺少了这一块儿，培养出来的人这方面意识不够强。常常看到这样的情景：在实验室里，学生拿着小白鼠、兔子、狗做活体解剖，面对惊心动魄的场面却一脸轻松，完全没有内疚或负罪感。这是一件很糟糕的事情。20 年前我也做过狗的活体解剖实验，将它绑在实验室的手术台上，用皮带勒住它的四肢和脖子，它痛苦的样子现在我都记得。20 年后的今天，这样的事情还在世界各地的实验室里时时刻刻发生着，真是让人感到悲哀。如果你看了《动物解放》一书中的动物实验场面，就真的会意识到，人类有必要谨慎一些，尽量减少对其他物种的伤害。

刘天天：我们做实验的时候，如果一定要解剖，要让它在没有痛苦的状态下进行。

雷老师：如果在没有痛苦的状态下能同样达到实验目的，那么就不应该制造痛苦，若不能完全避免，也应该想办法减少痛苦。事实上，这样的事情不只发生在实验室里，生活中随处可见。在菜市场就有青蛙被活体剥皮，蛇也是这样。

刘天天：鳝鱼也是。

雷老师：对，我也看到过。直接用剪刀将活的黄鳝开膛破肚，很暴力，赤裸的杀戮行为。尽管它们不是我们的同类，但经常做这种事的人自然会对同类产生同样的情绪。早在17世纪的时候，英国著名哲学家约翰·洛克就曾经说过，对动物的残忍会给人带来影响。他说："那些在低等动物的痛苦和毁灭中寻求乐趣的人……也将会对他们自己的同胞缺乏怜悯心或仁爱心。"这一点对性格成长中的孩子影响特别明显，伤害无辜动物的行为将助长他成年后对同类同样的行为。这样来看，动物解放论者对社会的实际贡献应该是很大的。

刘老师：它促进了社会的进步。

雷老师：所以动物解放论者很自豪地讲，他们今天行动的意义，就如同一百年前废除奴隶制运动一样。今天我们以非常厌恶的心情看待当年的奴隶制度，再过一百年，后人也会以同样的心情看待今天我们对待动物的行为。由此可见，我们的伦理、道德是在进步的，道德对象的范围也在不断地扩大着，从这个意义上来说，动物保护运动把人类的道德水平明显往前推进了一步。过去我们的道德对象只是人，没有动物，但从功利主义伦理原则出发或是从“天赋权利”的观念出发，动物也有神圣不可剥夺的权利。当动物拥有这种天赋权利的时候，你就需要给予它必要的尊重，这是人的基本道德。

刘老师：你上学做生物实验的时候，老师谈到过这些问题吗？

刘天天：做青蛙解剖的时候谈到过，要先破坏神经再做，避免给它造成痛苦。有件事我印象特别深，我们实验小组做解剖小白鼠的实验时，要拿乙醚麻醉了再做，做之前，把小白鼠往大烧杯里放的时候，它好像有预感，顺着人的胳膊往上爬，看起来很惊恐。我对那个印象特别特别深，觉得解剖小白鼠特别对不起它，也不知道乙醚麻醉以后它会不会感到痛苦。

雷老师：其实动物的这种能力通常超过我们人类。从对自然灾害的预感就可以看出来，像地震、火山爆发之前，动物都会有感觉。有时候我们以为动物不知道我们要做什么事情，其实不一定，比如我们要杀一头牛的时候，它会流泪，这表明它是知道的，是有反应的。

刘老师：生物学专业遇到这样的问题更多。

刘天天：当时解剖小白鼠的时候，看它的心脏从跳到不跳，我觉得一个生命就毁在我手里了。

雷老师：这就是内疚感或负罪感。

人类中心主义本质上是利己主义的扩展

刘老师：今天我们讨论了动物实验，讲了“四害”，讲了伦理学不同的派别、立场，讲了人类认识上的转变，从过去对动物为所欲为，到后来懂得尊重动物的权利，从过去坚持“人类中心主义”到后来对“人类中心主义”进行批判。当然，现在还有一部分人坚持“伦理学只适用于人类”的观点。

雷老师：视野扩展一些来看，人类中心主义其实不过是物种中心主义的一种表现。在整个自然生态系统里，所有物种都是以自我为中心的，趋利避害是所有生物的本能，所有生物都希望活下去，必然要以自我为中心。人类之所以不能以自我为中心，是因为他没有动物那样的生存压力，他是自然界中的强者，如果他也以自我为中心，就会出现以强凌弱的局面。在自然状态下这样做似乎没有什么问题，但如果人类不希望像动物那样自生自灭，而是希望生活得有意义而且能持续，那么以人类为中心的观点就太狭隘了。

为什么讲人类中心主义是狭隘的？一般情况下，大多数人认为只要符合我们人的利益就是好的，但如果我们从整个自然界来看，这就是在以人的利益作为评价标准，这种价值判断标准之所以被称为“人类中心主义”，就是因为视野太狭隘。人类中心主义实际上是利己主义的扩展，是利己主义在整个人类物种中的反映。举个例子大家就能明白。我们说利己主义不好，可是我们把它扩大一点，把“自己”变成一个小群体，比如为了一个班的利益，大家就不会觉得不好了。如果我们再扩大到整个学校、部门，大家就会觉得是好的了。这个时候个体利益就变成了集体利益。可是我们现在又遇到了问题，大家发现有些集体利益也是不好的，比如服务行业乱收费，虽然不是为了个人利益，但大家都觉得不好，因为这种做法损害了社会公众的利益，这就是从社会整体的视野来看问题。同样，如果我们把人类只看作自然界中的一个物种，而所有生物物种都是自然界中的成员，那么，人类中心主义与利己主义就没有什么差别了。

“以人为本”适用于人和动物吗？

刘老师：现在我们经常听到一种说法，就是现在很流行的口号——以人为本。如果站在非人类中心主义的伦理学立场，是否就意味着不以人为本？

雷老师：我们要区分一下，“以人为本”是指在人类社会，如果超越这个范畴就不适用了。

刘老师：这个口号只针对人，并不包含动物？

雷老师：对。“以人为本”主要是针对我们现在的社会弊端，如规划管理中的见物不见人、不尊重人等问题提出来的，要求我们在制定各项公共政策的时候考虑人的需要，诸如马路上一定的距离内要有人行道，地铁要建在人口密集区而不是风景区之类。

刘老师：这是原来的意思。

雷老师：对，本意是这样的。

刘老师：有人在谈到人和动物关系的时候说“以人为本”，实际上是曲解了这个含义。

雷老师：如果在理解人与自然的关系上，弄出个“以人为本”或“以自然为本”，就很荒唐。只能说没有很好地理解“以人为本”的含义。

刘天天：“以人为本”只适用人与人，其他时候不适用，是因为涉及其他物种的利益了吗？

雷老师：是的。在处理人与其他物种的关系时，弄出一个“本”和“用”的关系是成问题的。如果“以人为本”，那么其他物种都必须为人类服务，都只是被人“用”的地位，这是极端的“人类中心主义”的观点，前面我们已经批评了这种观点。如果在人与动物的关系上讲“以人为本”，我们就无法解释为什么不能吃熊掌、取熊胆、吃猴脑，也不能解释为什么猎杀藏羚羊不对了。事实上，今天我们已经意识到，即使人的利益与某些动物出现冲突，我们也不能肆意妄为。如大象毁坏了庄稼，我们也不能杀死大象。最极端的例子比如家禽，如果“以人为本”，完全可以把所有迁徙的候鸟杀光，但我们没有这么做。还有，禽流感刚开始出现时，我们大量捕杀家禽，在我们不能有效地解决禽流感问题的时候，这是不得已的办法，就是这样也受到了不少公众的指责，这说明了什么？说明我们的意识在进步。

刘天天：我记得也是禽流感的时候，曾经有过一个说法，说是北京的公园里夜间要有灯光，以免候鸟降落到这个范围，但是没有实现。

雷老师：不管这种说法是否可行，就其考虑来说，是一种被动的解决问题的方式，尽量不伤害它们。

刘天天： 但是妨碍鸟的休息……

雷老师： 是的，两害取其轻嘛。

刘老师： 只是不让它们落在有人的地方，没说到处撒毒药，用炸药，用机关枪扫射，只是控制它不和人接触。

雷老师： 就是这样。

食素也是对人类权利的掠夺？

刘老师： 我们今天聊了很多和动物有关的。最后还有一个话题，就是素食主义。素食主义意味着不吃动物，这个背后也涉及一些前面说的和动物伦理相关的问题。

雷老师： 选择食素的原因有很多，既有宗教信仰，也有动物解放论者那种经过理性分析以后改变生活习惯的。不管是何种原因，食素的做法直接避免了我们对动物的暴行，对动物是一件好事。

刘老师： 还有的仅仅从自己的健康出发，认为应该食素。

雷老师： 是的，动机各不相同。但就素食这件事来讲，确实可以减少对动物不必要的伤害，所以我说是件好事。《动物解放》的作者彼得·辛格已经从伦理上做了很好的分析，最后也要求人们食素，因此，中译本的封面上称该书是“素食主义的宣言”。尽管我个人对这样做有些看法，觉得不完全合理，但我还是很尊重素食主义者，因为他们客观上是在约束自己的行为，减少了对自然资源的消耗。

刘老师：你说不完全合理，指超出生态伦理学的道理，还是仅仅在生态伦理学的范围内？

雷老师：从生态伦理学的角度来讲，人也是动物，改变人作为动物的生活习性是不符合生态规律的。因为在食肉问题上，人的表现是自然的。为保护动物，要改变人正常的生理过程就有些不自然了。对此，有些更加彻底或者更激进的环保主义者是不同意这么做的。

刘老师：这就是我刚才说的意思，你超出了纯生态伦理，到生物学或生态学层面上了。

雷老师：我说的不是因信仰或健康原因而食素的人，而是完全按照动物伦理的要求做素食主义者的那一类人。理论上，我们不能要求人类为保护动物而改变自己的生活习性，因为人的生活习性也是自然演化的结果，人类食物结构的改变从生态学上来讲是不合适的。另一方面，动物伦理立场只考虑动物，主要是有感觉能力的动物。如果我们能够论证所有生物无论有无感觉能力，也都有自身存在的目的和价值，在理想的道德层面上也与有感觉能力的动物一样有自己的权利，那我们又该怎么办?

刘天天：所有的生物都是平等的，这和生态学上的生物链矛盾吗?

雷老师：应该不矛盾，我们讲的是价值和伦理意义上的平等，而不是生态学意义上的平等。在我们通常的理解中，食物链金字塔的位置越高就越有价值，人是最高位的，所以人应该是最有价值的。然而，实际情形恰恰相反。只要仔细分析一下就会发现，能量金字塔最重要的是底层的基础结构。塔尖缺了一块，塔照样存在，但是你把最底层的抽掉，金字塔就会倒塌。如果按照这种方式去理解生物之间的关系，结论必然是越是处在底层的生物对整个生态系统的作用就越重要。也就是说，在整个生态系统中，能量金字塔下面的部分比上面的重要。从这个意义上来讲，人这个物种灭绝了对自然界没有影响，会有另外一种物种出来，就像当初的恐龙。但是如果底部的植物没有了，那么所有的生物就都完了。

04

第四日

动物、动物园和自然保护区

动物园里的动物伤了人，该怪谁？

刘老师： 今天已经是我们谈话的第四天了。我们准备就上次关于人和动物的关系再补充几个案例。还是先从非常有启发性的真实事件讲起，也许结合这些来谈会更有针对性。

刘天天： 很多野生动物园里都出现过动物伤人事件，比如 2005 年，武汉野生动物园的两头狮子咬死了一个饲养员。饲养员死得挺惨，脑袋都被咬掉了，而且很年轻，才 25 岁。这种时候，对于狮子的行为，我们应该怎样看？怎么正确对待这两头狮子？它们已经威胁到人类的安全了，已经伤过人了。

刘老师： 我想，我们要注意到这件事的一个特定背景，这两头狮子不是在野外，而是被关在野生动物园里。与一般动物园相比，野生动物园里动物的活动空间比较大，饲养员跟动物有机会相遇，就更容易出现这种情况。这是在一个特定的现实情况下出现的人和动物的冲突，应该也涉及生态伦理的一些问题。你觉得这件事应该怎么看，怎么对待呢？

刘天天：首先，人就不应该这样做。如果不是因为保护的需要，人就不应该把动物关起来，不管是大笼子还是小笼子，否则就限制了动物的自由。

雷老师：这可能就是问题的症结，你讲得很对。

刘天天：就是说，归根结底还是咱自己的错。如果我们不把它关到笼子里，就不存在饲养员被咬死的可能。

刘老师：说到这里我想起一件事。国内和国外的一些普通动物园和野生动物园，现在主流的设计理念力图传达给游客这样一种感觉，即我们没有明显地把动物关起来。比如设计一个动物跳不过去的沟，使游客跟动物们有一种亲近的感觉。但不管怎么说，从本质上讲，还是人们把动物抓来人工放养在一个地方。这个问题已经变成了“我们应不应该有动物园”的问题。

雷老师：如果要对动物园里的种种现象，包括伤人现象进行反思的话，就需要考虑这个问题了。

刘老师：从国际范围来看，动物园的历史很悠久。它除了有娱乐功能，还承载着部分教育功能，那么我们应该怎么看待这件事呢？

雷老师：如果从人与动物的伦理关系来看，动物园根本就不应该存在。但考虑到历史的原因和动物园的社会功能，按照我们现在的道德水平，不可能完全取消动物园。我认为，现阶段我们可以采取两种方式来解决。一种是你前面讲的野生动物园的形式，这样的动物园虽然有人为因素，但动物有了比关在笼子里更大的自由度，而且野生动物园也会尽量模拟动物自然的生活环境。另一种方法是建立自然保护区，这样就基本上满足了动物的自然生存条件。美国的黄石国家公园就是一个很好的范例。这个自然保护区就是一个野生动物园，面积很大，游客必须由保护区管理人员带着进去，并且有严格的防护措施，游客没法跟动物有直接的身体接触。野生动物园要具备严格的管理程序，管理者也要具备专业的知识，既能够保证游客有收获，又可以杜绝动物伤人事故。

说到动物园里动物伤人的问题，通常会觉得动物很残忍，但事实上我们没有理由责怪那些动物，因为动物有自己的生活习性，这种生活习性跟它们居住的环境、季节以及与其他成员的关系都有很大关联。尽管动物的习性会因这些因素的变化而有所改变，但这种改变也是有限度的，只能在它们的能力范围之内。比如一只野生的老虎在自然界中的活动范围是以千米来计算的，如果把它关在笼子里，不仅影响它的活动，它的身心也会受影响。我们在动物园里常常看到笼子里的老虎不停地来

◎ 美国黄石国家公园里的野牛

回走动，这时你可以想象一下它那种心情，如果把一个人关在这样的笼子里，这个人的心理状态肯定也会不正常。老虎原本就有兽性的一面，在这样的环境中就更容易出现攻击人的现象。

刘老师：以前很多动物保护主义者抗议动物园的存在。我听过类似的报告，说动物园里动物遭受的虐待，主要指的就是小空间和囚禁给动物心理带来的影响。

为什么野生动物园是“有限的进步”？

刘天天：我想问一下，所谓的野生动物园，它的概念是指把动物放到一个更大的环境中，还是把动物放到一个相对自然的环境中？

雷老师：既然是野生的，至少应该是放养的。严格地说，放养的环境也不是自然的。野生动物园应该同时满足你说的这两个条件，范围更大、环境更自然。我曾看过北京八达岭长城边上的熊动物园，那里也被称为“野生动物园”。但那绝对不是真正的野生动物园，只不过是一块儿水泥地。相对于笼子，它的面积更大一点儿，熊的活动空间稍大一点儿，也就是囚禁的条件好一些，就像一个关押高级犯人的场所一样。

刘天天：可我有一种感觉，在所谓的野生动物园里，每一只老虎分到的地方其实跟在普通动物园笼子里的大小差不多。

雷老师：对，在人居住的地域就不可能给动物留出很大空间，这里有一个经济账。我们现在看到的野生动物园，通常只是在视觉效果上更接近自然状态，比如不再用铁栅栏，而是通过挖一条较深的沟，里边放些水，让

◎ 野生动物园

动物出不去。通过这种方式，游客的感觉就比较自然了。

刘天天：这就是说，“野生”只是对于游客来说的，对于动物来说不是。

雷老师：对，在人看来动物像是自由了，但对动物来说并不自由，也不自然。比如，野生动物园大部分都是水泥地面，对动物的足、腿、关节都不好。在自然状态下，大部分动物原本是在比较柔软的草地上行走的。还有，不同动物原本生活的环境差别很大，在一个气候等自然条件没有差别的小小地域，动物们很多的重要行为就受到了限制。比如，有些动物往往是以家庭的形式生存的，像狮子，两个狮群通常相距比较远，既是出于安全考虑，也是出于与家庭成员情感沟通的需要。但不管是不是野生动物园，目前都没有办法考虑这些。因为我们在建造动物园的时候是从游客的利益出发的，动物只是给我们带来收益的东西。尽管现在比过去做得好一点儿，但还是没有从动物的角度来考虑应该如何人道地对待它们。当然，这需要一些比较专业的知识，比如动物学和动物行为学等。有条件的，还应该请动物行为学家来帮助规划设计动物园。

动物的自然繁殖，人类该不该干预？

刘天天：我曾经在电视里看到过，野生动物园里有一头母狮还是母老虎要产崽，它就跑到了野生动物园里相对比较野生的环境——兽舍外面的山上去产崽。结果饲养员为了保证小崽的安全，把母兽引诱到笼子里关好，再去山上找幼崽。当然，那个母兽非常不乐意。这种做法是不是也不正确？

雷老师：我们通常以为这是为了母兽好，实际不是。

这种人为的干预只是从人的角度来考虑，没有站在母兽的角度考虑。既然它跑到偏僻的地方产崽，一定是觉得那个地方比较安全，动物在选择场所的时候往往比人要高明。人类如果真为它们着想，就应该借助其他辅助方法去解决这个问题，饲养员的做法显然没有考虑动物的感受。从伦理的角度看，如果动物有这样一种感受能力，并且它表现出了焦虑不安，很显然这种行为就是对它的伤害，从前面我们对动物伦理原则的分析就可以看出来。

刘老师：简单地说，野生动物园比传统动物园有进步，但这只是有限的进步。

刘天天：还有一个新闻也是关于幼崽的。大熊猫产下幼崽以后不哺乳，这个时候我们就把幼崽拿过来哺乳。这和母兽产崽那个例子一样吗？

雷老师：就性质上来讲，两种情况是一样的，但两种动物在现实中面临的问题有所不同。熊猫的生活习性在自然变迁中发生了很大变化，尤其是后代成活率非常低，就目前情况看，它繁衍后代的能力已经不足以维持这个物种的正常数量了，因此它沦为了濒危物种。在自然状态下，这个物种会灭绝，但由于人对熊猫的偏爱，希望它活下去，就不得不采取一些干预办法。对于维持它这个物种的存在来讲，这样的做法还是有积极作用的。

尽管在自然状态下这样做不好，可是现在熊猫的境遇已经处在一种非自然状态了，所以不可能完全按照自然状态的标准评价这种行为。

刘天天：就是说熊猫这个物种比较特殊？

刘老师：在特定的情景下是的，比如你提到的老虎也是濒危动物。

动物园该不该存在？

刘老师：回到刚才的话题我们再来展开。是不是可以这样说，首先，野生动物园和传统动物园相比是一种进步，但只是一种有限的进步，因为它没有从根本上考虑动物。但动物园本身又担负着娱乐和教育等功能，学生要通过这个途径去了解一些动物知识。人不可能跑到深山老林里看老虎，这不现实。所以就有了矛盾，在满足我们教育或娱乐需求的同时，会给动物带来一些问题。怎样在符合伦理标准的情况下解决这个矛盾？

刘天天：是不是就是钱的问题？

雷老师：钱肯定是一个必要条件。刚才刘老师讲的这个问题确实需要大家考虑。在人的需要和动物的需要之间确实要有一个平衡，尽管我们现在还无法用纯粹的道德伦理方式来解决动物园这个问题，但还是需要尽量做得好一些。比如，在动物哺乳和育雏期间尽量不要打扰它们，这一点较之前已经有了很大进步，接下来是不是要扩展一点儿，尽量让动物有一个好的生存环境。从目前的情况看，我们所欠缺的不是资金而是意识。当然，开辟野生动物园只是改善动物生存条件的第一步。

刘老师：而且，改善动物的生存环境可以改善我们的教育理念，从动物本身的利益考虑也是有利的。以往小孩在动物园里看到的是关在笼子里的动物，他们从小受这个教育，就会觉得把动物关在笼子里没什么，是天经地义的。但是随着野生动物园的出现，他们可以看到另外一个情景——动物在至少是类似野生的状态下存在着，它们可爱的程度、自在的感觉，比关在笼子里好很多。从教育的角度看，野生动物园也是有利的。

刘天天：可是我觉得从创办者的角度看，野生动物园不一定是从动物的角度出发的。他们想的不一定是“我应该为动物好”，而是为了迎合大多数人的心理——人们想去看所谓的野生动物，才创办的。

刘老师：有这个因素，动物园的管理经营当然有经济的考虑。不过，国际上目前是这么一个趋势，我们考虑经济利益的同时，也受到了国际环境的影响。当然，影响有多大，或者国内野生动物园的投资管理者有多少环境意识或者动物伦理意识，这是另外一回事儿，但毕竟比原来有进步。

刘天天： 能不能说动物园是不对的，野生动物园是对的？

雷老师： 这种评价涉及一个标准，就是从哪个角度去看。如果从人们亲近动物的角度看，野生动物园当然要比普通动物园好。我们的考虑是在满足人的需求的条件下尽可能去改善动物的生存状况。

刘天天： 还是要以人的需求为根本？

刘老师： 人的需求是一个现实的存在，在这个现实存在面前，我们需要综合考量各方利益，找到一个相对合理的做法。

刘天天： 我不知道我这个想法对不对，首先人认识动物是没错的，但有没有必要真的要去看这个动物才能认识它，也就是说动物园的教育意义有没有那么重要？

雷老师： 你提的这个问题也是很多环保主义者质疑的问题。的确，就我个人而言，我不希望动物园存在，因为现在的动物园大多成了展示人们如何虐待动物的场所，它们也在做反面教育，这是件很糟糕的事情。它们限制了动物的自由。从这个方面来说，就不应该建动物园。但由于动物园是一个历史性的存在，我们就需要把历史因素加进来综合考虑，不能简单地说动物园的存在是好还是不好。当然，即使是从历史角度看待这个问题，我们也希望随着生态意识的提升，将来出现越来越多自然保护区那样的野生动物园，游客可以坐专门的游览车进入，更安全地与动物接触，动物也能生活得更加自在。

刘天天：游客进去的话不就会对自然保护区的野生环境造成破坏？

◎ 乘车浏览动物园

雷老师： 如果是有组织的进入，并且保护区管理得很到位，如游客的数量、行走的路线、垃圾的处理等方面，就不会产生大的影响。而且，环境稍有改变对动物的影响不会太大，动物有适应环境的能力。比如，有这样一种可能，动物一开始看到游览车这个庞然大物时，它们的反应可能是惊恐，但如果它们慢慢发现这并不对自己构成威胁，就不会再有类似的反应了。在可可西里国家级自然保护区，最初藏羚羊是不怕人的，因为人不会伤害它们，后来人们大量地猎杀它们，它们就知道人是天敌了。所以我们今天看到的情况是，哪怕在很远的地方，一看见人，藏羚羊就会跑。野生动物园的动物也是这样的情况。所以，我们进入自然保护区或野生动物园的时候，要有不扰乱野生动物正常生活的意识，比如不要投喂，不能留下食物，否则会给动物一种暗示，它以后闻到这个味就知道这是吃的。虽然对它来说不是必须要吃的东西，但这样往往会给游客造成不必要的威胁。

刘天天： 等于说那种环境是非常原生态的？

雷老师： 对，原生状态，美国的黄石国家公园就是这样。管理员很熟悉动物的生活习性，比如知道熊的活动范围有多大，他们会带领游客到熊经常出没的地方看熊，这个时候管理员的责任重大。

刘天天：我听说还有防熊书包、防熊罐头。因为熊的鼻子特别灵，人带了吃的它就会去抢。防熊书包可以把味道完全隔绝，熊闻不到也就不会去抢了。

雷老师：由此我们可以看出，几乎所有的威胁都是可以避免的。顺着这个话题，我们看看国内。很多人去过峨眉山，现在峨眉山的猴子跟从前就很不一样，虽然也是野生的，但和游客有了不解之缘。现在它们的生存很大程度上依赖于游客，见到游客就要吃的，不给就不让走，游客常常受到惊吓或伤害。

刘天天：防熊罐头就是怕熊对人产生依赖。

刘老师：避免像峨眉山的猴子一样。我觉得这里头一开始就有一个观念上的差别。我不知道现在是以什么方式来管理的，在过去很长时间里，人们喜欢峨眉山上的猴子对人的依赖感，这种依赖感成了当地旅游的一个亮点，人去了那儿没看到猴子，好像是件很遗憾的事情，看到猴子但没有和猴子打交道，也是件很遗憾的事情。导游上山之前还会嘱咐你怎么和猴子打交道，实际上是给你一句潜台词——你可以喂它吃的，而不是像刚才我们说的，避免对它们的自然状态进行干预。

刘天天：我觉得他们也有经济考虑，比如只能用从他们那儿买的花生喂猴子。

◎ 猴子向游客讨要食物

刘老师：这是后来的事儿了，一开始没有那么产业化。我不知道峨眉山猴子在那里的历史有多长，但好像逐渐形成了这样一个传统。传统形成的背后是对人和动物关系的错误理解。

雷老师：我们完全是从人的角度去理解猴子的，并且很武断地把我们认为的猴子的需要当成了它们真正的需要，这里有一个认识上的错位。如果我们真的打算了解猴子，应该按照猴子的生活规律和它们打交道，尽可能不改变它们，包括给食物。

刘老师：可是，已经变成这样了，又该怎么办呢？我想峨眉山的猴子已经很难回到原始状态了。如果没有游客喂它们，它们的生存可能都会出现问题。

雷老师：其实不见得，猴子的生存能力是很强的。没有游客去，它们肯定会寻找另外的食物。比如冬天游客去得少了，食物来源不足了，它们就会想别的办法，寻找一些替代食物。完全依赖人的猴群将来会被逐渐淘汰掉。人尽可能少干预它们，对猴这个物种会有好处。

刘天天：但是这个很难改啊。

雷老师：你说得对，但难改的不是猴，而是人。一旦涉及人，问题就会变得很复杂。如果把旅游当成一个产业、一个经济活动来开发，那么这些猴子的命运就很可悲，因为它们仅仅是人类经济活动中的一个筹码。

刘老师：最后的结果是什么？

雷老师：结果就是猴完全对人依赖。到那个时候，甚至可能会出现猴子觉醒过来想改变这种状况而人类不允许的局面！

刘老师：变得跟我们小区里的流浪猫似的。

雷老师：现在有一个好的方面，就是游客的生态意识确实在提高，比以更加爱护动物了。即使动物伤害游客，比如，猴子为了食物抢了游客的包或抓伤了游客，大家也能够理解过错不在于猴子，是人把猴子弄成这样的。回到刚才那个狮子咬死人的极端例子上，我们可以认为，狮子本身就有兽性的一面，必然会把人看成是它猎取的对象。像动物园里的狮子伤人事件，武汉、上海等好多城市都出现过。我们不能把这些事件的所有账算在狮子头上，狮子不是因为饥饿要吃人，而是为了逃生，逃出囚禁它的牢笼。

刘老师：我再插一句，现在很多人生态意识是有进步，但更深层意义上，无论是旅游管理者还是游客，还没有充分意识到不要以我们的乐趣作为第一出发点去喂动物。人喂猴的时候，好像有自身的情感投射，是以自我安慰为出发点，对动物来说并不是件好事，要改变这种状况，需要我们意识上的进步。

人与动物的冲突，该怪谁？

刘老师：前面我们聊的是野生动物园里发生的人与动物的冲突，接下来我们说说自然保护区。自然保护区里的野生动物是被保护的对象，不能让人们随便捕杀，但在自然保护区内，因为历史或其他原因，有人生活在其中，这个时候，一些野生动物也会与人发生冲突。我看过类似的报道：2001 年虎跳峡村民在牧区放羊的时候遇到了野熊，被抓成重伤，后来这个野熊逃脱了。同样也有挖药材的村民被野熊被咬死的事件。我们怎么看待保护区内人和动物的冲突？这跟野生动物园又有所不同。

雷老师：从表面看这两者差别很大，但实际上，如果我们从动物生活的角度来看待人的这两种不同的行为，可以发现它们有相似性。第一种情形，发生在动物园里的人与动物的冲突是比较极端的，它表现的是人对动物生活圈的侵入，迫使动物完全按照人的意志改变它的生活习性，这使动物的生理和心理都发生了变化，最终肯定会以各种各样的方式表现出来。具有攻击性的动物必然会对人进行攻击，所以动物园里动物咬伤、咬死饲养员或游客的情况并不少见。我想，只要有动物园存在，这种情况就不可能避免。

自然保护区里的情形与动物园有相似性，也是人侵入了熊的势力圈中。当然，也不排除熊离开了它自己生活的圈子进入人的活动圈中。还有一种情况就是人的活动圈与熊的活动圈重叠。总之，熊与人的相遇使熊感觉到人对它是一种威胁，只有在这样的情况下才会发生与人的冲突。大多数情况下人会做出惊恐或让熊以为是威胁的不当反应，才会造成熊对他的攻击。

刘天天：那比如农民去山里挖药，他是为了生存，但是他要进山的话，可能会被野生动物攻击。那怎么办呢？

雷老师：你说的这个是很现实的情况，这就是人与熊的活动范围重叠。在这种情况下，人需要主动地采取措施来化解这种冲突。比如，了解周围野生动物的生活习性、学习应对冲突的技巧等，具有相关知识和经验的农民对这方面问题的处理通常是比较恰当的。

刘天天：这些了解也是通过经验积累的。

雷老师：两种方式，一种是通过经验，一种是通过学习，在“国家地理”频道、《动物星球》里经常能看到一些生态学家离动物很近，但很少受到伤害。

刘老师：很少看到他们被咬死的新闻。

雷老师：这就是知识和经验在起作用。即便他们被咬伤了，也会有很多办法来施救。这说明人跟动物打交道时一定要充分了解这些动物的生活习性。比如熊经常出没什么地方，与熊遭遇后采取什么措施，怎样逃生，等等，这些事先要有所了解。无管怎么说，我们都不能完全怪罪动物，动物只是在按照自己的本性生活，无所谓谁对谁错。

刘天天：毕竟是人的错。

雷老师：我想这多半是人自身的问题。所有的动物面对威胁通常只有两种反应，一是逃跑，二是攻击。当人给动物传达了一种错误的信息让它感觉受到威胁时，攻击力强的动物通常会选择攻击对方，咬伤或者咬死人。实际上，这对所有将要进入这个区域的人是一种警示，它告诉所有人，你再进去也是这个下场。这是一种生物本能，所以你不能说动物这样做是不道德的。事实上，我们在划定保护区的时候，就有一个现实的考虑，保护区通常有核心区和缓冲区。核心区域完全是动物的领地，人是不能进入的。因为动物的生活绝对不应受到人类的干扰，尤其是繁育期间，它们会更加敏感，人进去会对它们产生很大影响。人虽然可以进入核心区外围的缓冲区域，但必须有限度地活动。

如果单就人和动物之间的冲突来看，熊咬伤、咬死人，我们应该对熊采取相应的惩罚措施，这样才合乎伦理道德。可是你把这件事的前因后果加以整理考虑，就会理解我们为什么不能这样做。我们经常在“探索”“国家地理”频道看到这样的情景：研究人员被动物咬伤以后，他们并不惩罚动物，大多时候都是怪自己不小心。我觉得这就是一种谦卑的意识，他们经常与动物打交道，对动物的理解超乎常人的想象，他们是在用一种道德的眼光看动物。

人打老虎，老虎吃人，哪个有伦理问题？

刘天天：我记得有一个电视台做了一个野生动物园里动物咬人的专题。有一段录像，一个豹子咬住了一个小女孩的脚，一下子出来五六个拿着铁棍的大汉，朝着豹子往死里打，当时看得心惊肉跳的。这个例子是不是跟刚才的例子差不多？

雷老师：豹子咬游客一定有它的前因后果，尤其是在动物园里。如果不是人自己出了问题，大概不会遭到豹子的攻击。动物的生存技巧首先是躲避，本能会驱使它尽量避免跟人接触。豹子咬人这件事，具体情况我们虽然不太清楚，但这中间一定有它的原因，我们不能轻易去评价。就你刚才讲的情形，我们就可以想象平时人们是怎样对待这些豹子的。对于这样一个场面，我们究竟应该把他们的行为看成是挽救小女孩的英勇行为，还是极其愚蠢的行为？

刘天天：我觉得这对豹子不公平。

雷老师：如果除了这一招之外再没有别的办法来解救小女孩，那么我们只得认可这个行为。但出了这样的事，表明动物园的管理一定是有问题的。所以，说到底还是我们自己的问题，是把我们工作中的过失通过动物转嫁到了受害人身上。针对具体事件而言，我们难道没有其他手段可用吗？豹子最害怕的是什么，动物园的管理人员当然知道。如果你充分了解豹子的生活习性，知道它对什么敏感的话，你就可以用那个东西去制服它，而不是完全靠这种击打的方式。

刘天天：能不能说，现在的野兽伤人事件都是人类自身的原因？

雷老师：我想，即使不是全部，也是大部分。

刘老师：因为有一个前提，在最正常的状况下，野生动物跟人是没有交集的。它生在野外，你侵入它的地盘或者把它关起来，在这种情况下出现了冲突，人是应该负责的。

雷老师：对，通常情况下是这样的。根据媒体报道，现在很多野生动物跑到村庄或城市周边去破坏庄稼、伤害家禽，甚至伤害人。表面看来这都是那些野生动物的过错，但其实是因为我们不断地扩大活动范围，侵入了动物的地盘。过去人少，现在人口密集了，人与动物之间已经没有一个缓冲地带了。村庄在山脚下，山上就是那些野生动物的栖息地，除非野生动物待在山上不下来，可山上食物不足怎么办？只有下山觅食了，一下来必定会危及人和家禽的安全，这就是一件很可悲的事情。我们都知道，所有野生动物，尤其是一些大型食肉动物，都有自己的活动范围。活动范围太小的话，猎食就很困难，生存就会受到威胁。可是现在人把这个地方侵占了，把所有物种赶到了一个很狭小的地方去。它们会为争夺食物竞争，常常出现一些血腥的场面，这是动物的兽性。这其实也是动物的悲哀（有时候我们人类也是这样，比如战争）。这种场面让人很难接受，但是你仔细想一想，造成这个后果的，不是它们，而是人。

我们究竟应该如何与动物打交道？

刘老师：从动物园到自然保护区，我们谈了动物和人的关系，谈了动物和人的冲突，是否可以得出一些结论，从人类的出发点考虑，在理想状态下应该怎么做会更好一些？

刘天天：理想状态是尽量不去干扰它们，但我觉得在现在的情况是，完全不干扰也不太可能。

刘老师：我们可以总结出哪些结论呢？比如教训、经验和规范？

雷老师：刘天天刚才讲的这一点很重要。首先，人在非必要的情况下，尽量不要干扰野生动物的生活。因为这种干扰是造成冲突的重要原因。其次，一旦遭遇野生动物，人首先要做的是回避，尽量避免与野生动物正面冲突。第三，如果消极措施，如逃跑、躲避，这些办法都不行，才能与野生动物搏斗，尽量制服，减少伤害，当然这需要学习相关的知识。

刘老师：我们应该学习更多与动物打交道的方法，这就说到了科学知识的普及。

雷老师：这两件事都很重要，尽可能不扰乱它们的生活是伦理准则，尽量避免正面冲突也具有伦理的含义。

当你拥有这样一种伦理意识的时候，你就不会首先想到要打死它。如何使你的伦理意识产生一个好的效果，这需要通过学习科学知识，了解动物的生活习性，只有充分了解对方，才能掌握主动权。伦理意识和科学知识这两方面是不能少的，它们是我们与动物打交道时的“两条腿”。

刘老师：我想我们这一段关于动物、动物园以及自然保护区的问题谈得差不多了。明天，我们将进入另一个话题。

05

第五日

肉食、素食与相关争论

该不该尊重家畜的生命？

刘老师： 动物和人的关系分好几种，我们今天首先谈谈野生动物和人的关系。很有意思的是，其实人最初也是野生动物，是吧？现在呢，人不把自己当野生动物了。随着人的进化，尤其是农业、畜牧业的发展，人和动物的关系出现了一种新的类型，就是人开始有意识、有目的地饲养家畜。人饲养家畜最初的目的是为了生存，可以经常有肉吃，有马拉车，有牛耕田，还有一些特殊的，比如东南亚的大象可以用来运输，等等。人和家畜的关系，本质上还是人和动物之间的关系，只不过是和一类特殊动物的关系。这里头也有很多可以讨论的。在现实中，一般人是怎么看待人和家畜关系的呢？

刘天天： 我觉得一般人不太会考虑人和家畜的关系，只考虑猪肉多少钱一斤之类的事情，很少在不涉及自己利益的情况下考虑家畜。

刘老师： 你的意思是说，我们考虑家畜，都是在它跟人的利益直接相关的时候，比如，猪肉涨价的时候就出现了一些新的问题，要多养一点猪呢，还是少吃一点猪肉呢，你说的是这个意思吗？

刘天天：对。

刘老师：雷老师怎么认为呢？

雷老师：我觉得家畜的出现是人类文明进步过程中必须经历的一个阶段。动物被驯养以后逐渐改变了生活习性，就变成家畜了，鸡鸭猪牛都是这样。人作为理性的动物，具有前瞻性，这是人区别于其他动物的地方。人要获得稳定可靠的食物来源，就会有意识地去发展这一块。现今的饲养业也很好地说明了这一点。也就是说，在大众水平上考虑人和家畜的关系，通常是从经济或技

◎ 肉鸡生产线

术范畴来看的，比如怎么样提高饲养的效率，让家畜多出肉、快出肉，纯粹是把它当成一个产品、一个流通的商品对待。要提高效率就必然涉及一些技术问题。然而，动物与无生命的商品是有本质区别的，这里有一个人们对待动物是否人道的问题。动物伦理思想和动物福利运动出现以后，人们对家畜的命运有了更多的关心，对待家畜这类动物的观点也有了一些微妙的变化。

刘老师：讲到野生动物的时候，人们普遍认为不应该伤害野生动物。人们是不是有这么一种观念，就是认为野生动物本身跟自己没什么关系，从经济角度看它不属于我，不是我的东西，我就不应该去干涉和伤害它。而家畜是人工饲养的，就没必要这样。谈论家畜的伦理问题时，人们会有一种不可思议甚至荒谬的感觉，觉得这是一个很怪异的话题。你想啊，家畜是我自己买来的，自己养的，养家畜也不犯法，家畜本身是为人类服务的，我养猪还有伦理问题吗？

刘天天：如果养猪不吃猪肉，那猪还能干什么呢？

刘老师：当然，我们知道，现在一般认为，养猪、吃猪肉不是违法的事，那是否违背伦理呢？

雷老师：伦理关系一旦扩展到人和动物之间，必然会包含家畜这一层面。在动物伦理学家们眼里，无论家畜多么特殊，动物的本质永远不会改变，家畜是有感觉能力的动物，无论你是否同意，从逻辑上你无法反驳。这里面有很强的动物关怀情结和相对弱一些的动物关怀情结之分。强的动物关怀情结要求平等对待所有有感觉能力的动物，这就包括对家畜生命的尊重，意味着我们不应该吃它们的肉；弱一些的动物关怀情结则希望至少让那些注定要成为人类餐桌上的食物的动物在活着的时候受到人道的对待，不要让它们活着的时候受太多苦。

刘老师：伦理学里对生命的关照不是首位的吗？最基本的伦理范畴在家畜这儿出了问题，至少法律意义上你有权剥夺它的生命，这时候你还谈什么伦理啊？或者你再谈伦理的时候，意味着什么啊？

刘天天：也就是说，从伦理角度来说，我们可以养猪，但是不可以杀猪？

雷老师：强的动物关怀情结我们这里就先不说了，它把猪当作有尊严的生命来对待，肯定反对杀猪。问题在于弱的动物关怀情结似乎存在矛盾，但剥夺生命和人道地对待生命是两个不同的问题，这一点我们可以用死刑犯的例子做类比。死刑犯的生命是一定要被剥夺的，但如何剥夺其生命和在处死之前如何对待他却有伦理问题。不能说，反正他要死，我们在牢里就可以随意地处

◎ 被囚禁的猪

置他，或者用极刑处死他。通常，我们在他死之前仍然要人道地对待他，哪怕他犯下了滔天罪行。因此，这是两个完全不同的问题。

刘老师：要按照强的动物关怀情结，那恐怕就没有畜牧业了。

雷老师：是啊，如果把动物伦理的思想一致地贯彻下去，最终的结果必然是废除畜牧业、动物科学实验、商业性和娱乐性打猎等等，最后，大家都做素食主义者。这是动物伦理的必然要求，既然要关怀动物，最基本的是保护它的生命，杀戮是最大的恶。所以彼得·辛格的《动物解放》被称为“素食主义者的宣言”。

刘天天：如果说对生命的杀戮是最大的恶，那么我们把猪弄过来养，是不是也是一种罪恶？因为限制了它的自由。

雷老师：其实罪恶有两种，英文把它做了一个区分，一个是 crime，就是犯罪；还有一个是 sin，指的是违背习俗或做了不合情理的事情所产生的罪恶感。我们谈“罪恶”的时候，其实更多是指后者而不是法律上的罪恶，这一点需要明确。事实上，在讨论人与家畜的伦理关系的时候，我们是从伦理层面来看问题，但从生物学意义上来看，我们完全可以为了吃肉而杀死它们，因为吃它们的肉是为了我们更好地生存。

刘天天：至少从食物金字塔来讲，人吃猪肉是应该的。

雷老师：在生态学层面，我们吃猪肉没有任何问题。动物权利论者只是按照伦理逻辑得出的结论，没有考虑人的现实需要。

刘老师：这个问题是有定论，还是有争议？比如，在生物学意义上，人究竟应不应该吃猪肉？

雷老师：争议主要是在伦理层面，在生物学意义上这个问题应该没有什么争议。从人的牙齿的变化就能看得出来，人是杂食性动物，不仅吃植物，也吃动物，这是纯粹的生理需要。

刘老师：也就是说，人的食物也包括肉类，从生物学的角度来看这是正常的。那为什么现在很多人吃素？难道这种倡导不是基于生物学，而是基于一种伦理依据？

雷老师：因为现代人类已经有能力通过其他方式满足自身对食物的需要，因此食肉就变得不是必需的了。这种时候才有可能在伦理学意义上讨论这个问题。

吃素比吃肉更健康吗？

刘老师：还有人说吃素健康。从生物学角度来说，吃素健康吗？你是学生物的，能不能说说你的看法？

雷老师：在生物学意义上，素食是完全可以维持人的生命健康的，但没有任何证据表明素食主义者比杂食或肉食者更健康。从生物适应环境的需要方面来讲，广谱的食物来源才是最适于人类生存的。人是如此，其他动物也是如此。恐龙如果也像人类这样食物种类多样，可能就不会灭绝了。同样，熊猫如果不改变自己的食物结构，怕是活不到今天。对人而言，同时开辟植物性食物与动物性食物才是最利于生存的。

刘老师：咱们姑且把这个话题放在这里。我刚刚提的问题是有限定的，是从生物学角度来看这个事。现在有人打着这个旗号说素食更有益健康，符合生物学原理吗？

雷老师：只要找些营养学方面的数据来分析，就可以解决这个问题。譬如，人要想维持正常的生理代谢，就需要蛋白质、核酸、脂肪及碳水化合物，再加上一些常量元素、微量元素、维生素，等等。现在营养学已经有了很明确的指标，我觉得这没有什么可争论的。

刘老师：没有什么可争论的，是说人需要吃肉吗？

雷老师：不是，吃肉主要是解决蛋白质摄入的问题。如果我们每天摄入的植物性蛋白或者碳水化合物、脂肪这一类的东西能够满足身体所需，达到营养指标，那么完全可以吃素并且很健康。然而，从生存角度来看，人类应该开辟广谱的食物来源，这完全符合一个物种的生存法则。

刘老师：人类的进化过程可以划分成不同的阶段，早期，人类是可以猎杀野生动物的，同时也采集植物果实；后来由于生产方式的发展，人类把动物抓来养着，想什么时候吃就什么时候吃，也可以让它们自己再繁殖，这比天天去打猎更方便。长期的饲养使家养动物比野生动物口感更好一些。在这个过程中，人类自身发生了什么变化？是更强壮了，还是怎么样？可不可以采用今天生物学意义上生物生存状况的衡量标准？

雷老师：从生物学角度来讲，动物蛋白肯定比植物蛋白更有利于动物的生长。大家可以看到，牧民身体的强壮程度通常高于农民，这与他们摄入动物蛋白质比农民多有关系。

刘老师：那为什么会有食草动物呢？

雷老师：动物的生存与食物的来源有很大关系。如果只有大量的植物，而机体又能接受这些植物，动物就会慢慢演化出与这些食物相适应的生理结构，从而形成一个相互促进的局面，最终就会形成体型很大的食草动物。另一方面，由于动物的蛋白质含量更高，食肉动物的生理机能如身体的协调性、肌肉的协同程度肯定比食草动物更强，否则就没法捕食。

刘天天：而且，食草动物的生理结构比较特殊，有的有反刍之类的特点，大部分食草动物一天花在吃饭上的时间要比食肉动物多。

刘老师：还是让我们一步步地来看，从这个过程中，能够得出哪些结论。是不是可以说，食物种类的变化使得人类自身也发生了相应的变化呢？

雷老师：人类在进化的过程中，饮食结构的改变是一个必然的过程，这里不涉及任何利益问题。纯粹从生物学角度分析，这也是必然的，而且是符合进化规律的。

刘老师：人类进化到今天这个阶段，吃肉是不是合理的？现在我们只从科学的角度来说，先不说伦理。

雷老师：前面已经讲了，从生物学角度来说，动物性食物的结构是符合人类代谢需求的，因此吃肉有它的合理性。与人类相反的例子是我们前面讲到的恐龙。恐龙体型巨大，有人说恐龙的灭绝是地质因素造成的，也有人说是因为恐龙只吃不开花的蕨类植物，食物结构太单调了导致的。在植物演化过程中，有开花能力的被子植物在地球上更具竞争力，把蕨类植物压缩到了一个很小的生长空间里，最终蕨类植物变得非常稀少，而恐龙仅仅靠蕨类植物维持生命，所以它的灭绝是不可避免的。人类为了避免这样一种最糟糕的情况出现，就应该开发更多的食物来源，当然也包括动物性食物。

刘老师：也就是说，从生物进化过程来看，人类开发动物性食物来源是合理的。

雷老师：是这样。

刘老师：人类进化到今天，吃肉和吃素这个问题，在科学上我们怎么看？

雷老师：营养学家大多建议尽可能摄入一些含动物性蛋白的食物，比如牛肉、乳制品等。

刘老师：我们经常听到一个说法叫“营养均衡”，说小孩吃饭不要挑食，这个是不是隐含了一个概念，吃肉本身也是一种均衡的方式？

雷老师：“均衡”通常是指动物类和植物类食物都应该摄入一些，因为人体除了需要蛋白质，还需要一些无机物和维生素。

刘老师：这么说的话，我们能否得出一个结论，人类吃肉这件事情在科学上有它的合理性?

雷老师: 完全可以。

刘老师: 好，剩下的问题我们就在这个前提下讨论了。吃肉这件事涉及动物这个被吃的对象，以及人和被吃对象之间的伦理关系，是不是可以这样说，老虎吃鸡不存在伦理问题，而鸡也是重要的家畜，那么人吃鸡应该也不存在伦理问题?

雷老师: 这在过去不是一个问题，但人类文明进步到今天，这就成了一个问题。之所以成问题，是因为我们把包括家畜在内的动物纳入了道德关怀对象范围。大概也就是从 20 世纪后半叶开始，越来越多的人开始意识到并且认真思考这些问题。家畜如今已经成为动物伦理研究的一个重要方面。前面讲到的动物解放论者和动物权利论者都很重视家畜的伦理问题。

刘老师: 有一个问题我们需要讨论一下。至少有一派人认为，今天我们吃肉存在伦理问题，而你又说从生物学角度看，人吃肉是合理的，这里伦理和科学存在冲突。

雷老师: 这里有一个前提，在今天这样一个技术高度发达的时代，动物性食物不再是唯一的选择，我们可以用其他替代品代替动物性食物，减少对动物的宰杀。

如果没有这样一个前提，我们就不可能讨论该不该吃动物的问题，因为不吃动物的话，膳食结构没有办法均衡，对营养的摄入就不足，活着就成问题了。

刘老师：那你认为我们目前是否充分具备了这样的前提？

雷老师：在人类食物来源相对充足的今天，条件已经具备了。

刘老师：你认为在现实中，素食的条件具备了吗？不是说素食能不能让人活着，而是能不能让人健康地活着。

雷老师：素食是可以让人健康地活着的，尤其是人类发现豆类植物的蛋白质含量很高之后，可以用豆制品作为动物蛋白质的替代品。因此，动物性食物就不是维持人的生命健康的唯一食物了。我们通常看到，寺庙里的僧人都是素食者，但身体很健康。《西游记》里的唐僧不吃肉，活得也很好嘛。

刘老师：那么问题就来了，为什么现在还有这么多人吃肉？现在吃肉有错吗？

雷老师：这是一个充分和必要的关系。我们说不吃动物性食品也能够健康地活着，并不意味着我们一定不能吃肉，这是两个问题。一部分人考虑到不杀生灵的因素，选择食素；有些人认为，家禽就是供人吃的，没有什么伦理问题，大多数人认为吃肉是传统习俗的一部分，这些都可以理解。今天我们讨论的是吃肉背后的伦理问题。我们应该知道，吃肉是以给动物带来巨大痛苦和毁灭它们的生命为代价的，这些被吃掉的动物都是有感觉能力的。尽管从科学的角度看，吃肉是合理的，但从伦理角度来看，吃肉居然有悖于我们一直坚持的原则，这是一种困境。动物解放论者认为，如果我们严格遵循现行的道德准则行事，那就不能给动物带来痛苦，不能毁灭动物生命，这样就会很自然地把吃肉看作有悖于伦理原则的事情。

刘老师：你一方面说吃肉是合理的，一方面又说不是必须吃，似乎有点不一致。

雷老师：科学和伦理是两个不同层面的问题，科学只是描述事实，人能否实现这样一个事实，需要由伦理原则来决定。比如，浓缩铀释放的能量，可以制造出威力巨大的原子弹，但能否对人类使用则是一个伦理问题，我们不可以说造原子弹就是要扔的嘛。同样，科学告诉你人的物质构成跟动物一样，人肉的营养价值与动物没有什么差别，都富含蛋白质，但这绝不意味着人和动物一样可以被用作食物。所以科学上认可的事情我们能否去做，取决于伦理和法律。动物解放论者把人和有感觉能力的动物都看成道德关怀的对象，怎么对待人就应该怎么对待动物。既然我们不能吃人，那么同样也不能吃动物，而不吃动物的最好办法就是做一个素食主义者。

家畜和野生动物是否平等?

刘老师：在吃肉这个问题上有一个大背景，我们吃的是自己饲养的家畜，这是一类特殊的肉食，你认为我们对待家畜的观念有伦理问题吗?

刘天天：还有，我们从山上打一只野鸡跟从养鸡场拿一只家养的鸡来吃，伦理学上有区别吗?

雷老师：动物伦理纯粹从尊重生命和不制造痛苦的角度来考虑问题，它认为家养和野生只是形式上的不同，生命本质是一样的。我个人认为，动物伦理的出现是人类道德文明迈上一个新台阶的表现，但这个观点在短时间内很难被大多数人接受。它至少告诉了我们，普遍适用的传统伦理原则在逻辑地推演到动物的时候必然会出现能否吃肉的道德问题，只是它没有综合地考虑多种因素，所以有问题也是难免的，关键是看它主张的东西是否能使我们更全面和合理地思考这些问题，并尽可能地消除我们现实生活中面临的这种困境。这个观念的扩展将会影响饲养业这样一个庞大的商业化运作体制，也会改变人们的生活方式。但是人类的文明确实进步到了这里，对动物特别是对家畜确实有如何人道地对待的问题。在这个意义上，人与家畜确实是有伦理关系的。

刘天天：那家畜和野生动物在伦理上是不是平等的？

雷老师：如果站在动物伦理的角度上看，所有的生命都是平等的，它们也不应该例外。如果我们站在人际伦理的层面来看这个问题，那么野生动物的情形跟家养的就有很大不同了。我们通常对野生动物的具体情况了解得很少或根本不了解，比如你杀的是什么动物，它是否处在交配期、哺育期或育雏期，它是不是一个即将灭绝的濒危物种，等等，很多因素需要考虑，而家畜我们很了解。另一方面，家畜由于是人工饲养的，不存在吃掉它会影响整个群体或物种的情况。

刘天天：野生动物和家养动物价值不一样，野生动物多出一个生态价值，可以这么说吗？

刘老师：这点也是对的。

刘天天：之所以说，我们不能把野生动物抓来吃，除了从生命角度上来说，还有就是生态价值，因为那样做可能影响更多的生命。

雷老师：是这样的。如果我们人为地减少了一个物种的数量或者灭绝了一个物种，这对自然生态系统肯定是有影响的，影响究竟有多大我们不清楚。从自然生态系统的食物链情况来看，毁灭一个物种就如同截断了完整链子中间的一环，或者说如同把食物网络给弄破了，整个生态系统就不健全了。

刘老师：我们可以做一个总结，纯粹从生命的价值来说，这两者没有差别；我们说能吃家畜，不能吃野生动物，并不是从生命价值的角度说的，而是从生态的角度，比如生物多样性啊，生态保护啊，是这个意思吧？

雷老师：对。动物伦理要求我们承认所有动物都是平等的，要求我们人道地对待这些家畜。退一步讲，即使家畜的最终命运是沦为我们餐桌上的佳肴，至少应该让它们在有生之年健康愉快地生活，也就是要人道地对待家畜。

刘老师：这个话本身就矛盾。人道地？“人道”意味着以人的标准对待，这是原意啊。

雷老师：这个不是严格意义上的人道的标准，对待人应该按人道的方式，对待动物就按“兽道”的方式，也就是按动物正常的生长方式对待它。

刘老师： 但是据我所知这里头也有争议，你怎么知道它是不幸福的或是痛苦的呢？你这是在用人类的经验判断。

雷老师： 确实有这样的疑问，这是人们通常说的“子非鱼，安知鱼之乐”的问题。我们是按照一种正常的方式来理解问题的，比如我们都知道拿鞭子抽人是不道德的行为，但你也许会说，你不是他，你怎么知道他会痛苦？也许这个例子极端了一些，最普遍的莫过于家长、老师体罚孩子，大家都振振有词地说是为孩子好，但是，无论是否为孩子好，都不能用体罚的方式对待孩子，因为它会使孩子的身心感受到痛苦。所以，我们是按照通常的情形来说的。我们至少知道，要鱼快乐地活着就一定要有水，要有相对宽阔的水域、充足的氧气，这是鱼正常生存的基本要求。没有人认为把鱼扔到岸上，鱼会高兴得活蹦乱跳，显然，这时的鱼绝不是高兴的，而是痛苦的。同样，饲养家畜，至少要给它充足的食物和比较卫生的、能活动的空间。

刘老师： 比较卫生的空间，是人类需要的，对于猪来说这也是必需的吗？一头猪认为的舒适空间的标准可能跟人是不一样的。

雷老师： 我们前面谈过两种不同的需要，一种是生存需要，另一种是基本需要。事实上饲养过程中仅满足家畜的生存需要是不够的，基本的需要也同样应该满足。一头小猪崽刚出生就不得不离开母亲，这肯定是一件很悲惨的事情。《动物解放》一书中有一段描述小牛命运的话："到了 20 世纪 50 年代，荷兰的小牛肉业者发现了一种让小牛活得更久一些而又不影响小牛肉颜色与肉质的办法，就是把它们置于极为不自然的状况之下。如果小牛生活在户外，它们就会到处走动，肌肉会发达起来，使食客觉得不够柔嫩，并且会消耗更多的食粮。又由于它们会吃草，肉色将不如新生牛犊那般苍白，所以牛肉业者就把小牛从拍卖场直接送入囚禁式牛栏……小牛还小时，脖子被拴住，不能转身，再大些，大到根本转不了身时，链子就除去。牛栏中没有草，也没有垫，因为有草有垫，小牛就会吃，坏了肉的颜色。唯一离开牛栏时就是被杀的时刻。它们的食物完全是液体的。"为了证明这段描述的真实性，作者不仅附有照片，还引用了英格兰的布里斯托大学兽医学院的一个研究报告中的一段话："在 75 厘米宽的牛栏中，小牛是无法四肢伸直平躺的……小牛在觉得热而想散热时会想这样躺……如果气温超过 20 ℃ 则会热得难受，天生最能散热的姿态被剥夺……超过 10 周龄的小肉牛无法采取把

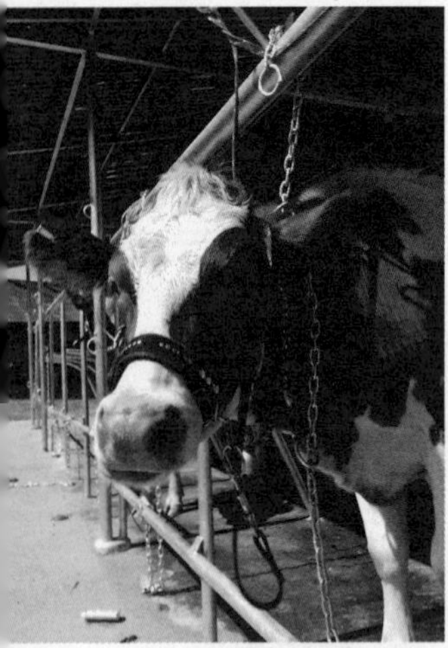

◎ 囚禁式牛栏

头转向体侧的自然睡眠姿势。”（《动物解放》第154~160页。）

读到这里不知大家有何感受，人类仅仅为了吃到口感好一些的牛肉，是不是太残酷了？正常人肯定都知道小牛不会享受这种生活方式。有这种悲惨遭遇的不只小牛，几乎所有被我们商业化饲养的牲畜都是被这样弄出来的。如果真要考察牲畜是不是乐意过这种生活，完全可以做一个实验，比如在一个宽敞的鸡舍里放一只小笼子，看看鸡是愿意在外面生活还是愿意钻进笼里挤着，结果肯定是愿意在外面生活。

刘老师：这个我觉得不难理解，但是还有一些类似的痛苦啊，感觉啊，不那么明显，比如如果动物没有痛觉，那么我们是不是就不必考虑跟动物的伦理关系了？

雷老师：对于一个讲道德的人来说，任何生命的尊严都是需要维护的，无论动物是否有感觉能力，我们都不能虐待和伤害动物。按照动物权利论者的看法，所有动物的生命是天赋的，是神圣的，人没有权力随意处置它。感觉论者只是从人们比较容易接受的前提推演出我们不能虐待有感觉能力的动物这个结论。我们前面已经讨论过，植物人是没有感觉能力的，但我们仍然需要关怀他，不可以随意处置他，是吧？从尊重生命的角度来看，动物的情况也是一样的。

刘天天：植物人没有感觉能力了吗？

雷老师：医学上对植物人的定义是没有感觉能力的，对外界的刺激没有反应。

刘天天：怎么确定他没有？他是没有给你应激性的反应，但是并不代表他没有感觉啊。

刘老师：她是说，也许植物人的大脑意识里能感觉到，但是没有办法表达出来。

雷老师：根据现代的医学水平，有没有感觉能力完全可以判断出来。

对家养动物该持什么态度？

刘老师：我们再回到家养动物，伦理学关心家养动物的时候都要关心什么？你再总结性地说一下。

雷老师：在动物伦理学层面，人们关心的首先是家畜的生存问题，应该尽可能少地杀生；其次，为了正常的生活而不得不杀生的时候，我们应该有一种谦卑的态度或者感恩的心；第三，要尽可能给家畜正常的活动空间，满足家畜的基本需要。总而言之，要给家畜提供符合它们生活习性的条件。我们把这样的条件称为人道的待遇。

刘老师：有一个前提就是，目前人们对待家畜经常做不到这一点。

雷老师：对，之所以有动物伦理，一定是我们目前在对待动物的问题上存在很多不足。大家看过辛格的《动物解放》以后就会感到，我们有必要人道地对待动物。

刘老师：如果仅仅是活着的这一期间，这个问题就比较简单了，活着的时候我们就让它们好好活着就完了。

雷老师：其实也没这么简单，你仔细分析一下，里面蕴含的问题很多。譬如，动物权利论者认为，是否人道地对待动物，这些都是无关紧要的，最重要的是维持它们的生命，让它们活着。用他们的话来说，尽管你非常仁慈地对待它们，但是最后免不了还是要给它们一刀。

刘老师：所以这个恰恰是说，如果我们不讨论极端的动物权利，这个问题就解决了，只要生前好好对待它们，到了该死的时候，为人类做出一点贡献，这就不存在伦理问题了，是不是？实际上这不仅仅是家养动物的问题，涉及更一般化的动物的问题。

雷老师：前面谈到过，美国动物伦理学家汤姆·雷根把动物的生命看得跟人的生命一样神圣，他提出了一个观点叫“天赋权利”。大家知道，西方国家自启蒙运动以来一直强调“天赋人权”，讲的就是人的权利神圣不得侵犯，也就是我们今天讲的人权问题。雷根把这个“天赋人权”的概念扩大到动物的范畴里，既然动物的权利是天赋的，那么跟人的一样也是神圣不可侵犯的，人没有特权支配这些动物的生命。他这样一说，问题就变得复杂了，我们就不能随意地杀戮动物了。显然，这是比较强的伦理观念。事实上，在文明的演进过程中，我们可以看到，在渔猎社会，男人出去打猎，带回来猎物后不是立刻分配，而是先举行一个仪式，比如围着火堆舞蹈一番之类的，这实际上是在表达对这个动物的感恩之情。这确实有一点宗教的情感在里头，通常表示感谢上天、感谢被猎的动物，因为它们用生命的代价换来了人类更好的生活。今天来看，这就是一种伦理态度。

刘老师：就是说，我们不否认人需要吃这些动物，但是要对这些动物有感激之情，而不是心安理得地、不讲道理地一吃了之。

雷老师：现在的伦理学是要从理论分析的层面来说

清这个问题。理论是我们行动的基础和依据，否则我们说不出为什么要这样做。理论分析一方面要解决我们行动的基础问题，另一方面要为我们未来的行动指明一个方向。因此，今天的动物伦理比我们公众的普遍观念要超前，这样才能指导现实的社会生活，是吧？就目前生活层面来看，动物权利论者和动物解放论者提出的这么一个强烈的要求，客观上导致我们现在对待动物的实际操作确实有了一些改变。英国早在 19 世纪初就制定了保护动物福利的《马丁法令》，这是禁止虐待马、猪、牛、羊等动物的法案，把伤害动物视为犯罪。美国也有《反虐待动物法案》和《动物福利法案》，对应该给动物一个什么样的生存环境做出了具体规定。德国对屠宰动物有严格的要求，其中包括卖鱼者不能把活鱼直接卖给顾客。目前世界上已经有 100 多个国家和地区出台了有关禁止虐待动物的法案。在亚洲，泰国、菲律宾、印度等国也制定了有关法律法规，反对虐待动物。

刘老师：我问一个问题，从生命伦理的角度来看，《动物福利法案》意味着什么？

雷老师：意味着给予动物更多道义上的关怀，也就是在动物活着的时候，尽可能给它们一个适合它们生存的环境。

刘老师： 按照这个说法，《动物福利法案》实际上已经以立法的形式体现了人与动物关系的伦理立场，是吗？因为按照一般说法，法律和伦理是两回事儿，很多事情不符合伦理规范，但并不一定违法。正常情况下，法律的制定应该跟伦理是一致的，不冲突的。那么在《动物福利法案》这个问题上，法律和伦理的关系，你怎么看呢？

雷老师： 法律的底线比伦理要低，但法律的制定要以伦理规范为基础，所以会出现违反伦理的行为不一定违背法律，而违背法律的行为必定违反伦理的现象。《动物福利法案》及相关法律的制定肯定要考虑动物伦理理论，从这些法律的制定情况看，至少与动物伦理中人道地对待动物这一立场是一致的。

刘老师： 举个例子，法律禁止活熊取胆，这里有一个预设。如果是野生的熊，我们把它抓来就违背了伦理原则，这个我们就不讨论了。如果是家养的熊，要取它的胆就跟要吃它的肉似的，那就是为人类服务了，只是不能以那样一种残忍的方式取它的胆，这个时候，取胆是合理的，还是根本就是不对的？这个你怎么看？

雷老师： 活熊取胆在道德上是绝对错误的。

刘老师： 你给解释解释。

雷老师：无论野生还是驯养的熊，它们都有感觉能力。既然我们明明知道活熊取胆对熊来说是很痛苦的，却还要这样做，显然是一种不道德的行为。从伦理的角度来讲，凡是给这些有感觉能力的动物带来痛苦的做法都是应该避免的。

刘老师：又比如吃鱼这件事，虽然我们觉得吃鱼是合理的，我们有营养上的需要，但是我们不应该在鱼还活蹦乱跳的时候吃，差别在这儿。如果这个熊死了，我们取它的胆，这在伦理上是可接受的。但是，在它死之前，我们让它活受罪，这就有伦理问题了。就像过去的生剐驴肉，是不是跟这个类似？

雷老师：活熊取胆和生剐驴肉都是不道德的行为。如果动物已经死了，你把它做成食物，这是正常的生理需要。但是，用残酷的方式来满足心里的欲望，则是一种畸形的需要。在我们的饮食中最常见的莫过于炸活鱼。厨师把活鱼的头包住，把身体划开后放入油锅里炸，鱼的身体炸开了嘴还在动，有人觉得这是一道很精致的菜。类似这样的情景非常多，都反映了人残忍的一面。一个人见多了这样的场面以后就会习以为常，最后在不知不觉中产生心理变化，这种变化可能会影响他与同类的交往方式。自然界中，动物捕食的场景虽然也很残酷，但所有动物几乎都会选择一种最快杀死猎物的方式。动物尚且如此，人类为什么不可以这样做呢？

该不该给伤病动物实施安乐死？

刘天天：动物解放论者在伤病动物的安乐死上怎么看？

雷老师：动物解放论者的所有行动都是围绕着避免给动物制造痛苦的宗旨来进行的，如果人有这个能力让遭受痛苦的动物摆脱痛苦，那就应该去做。如果一个必然死亡的动物正在遭受痛苦，那么我们就应该给它实施安乐死。

刘老师：为什么人类的安乐死是一个重大的、争论不清的、至今绝大多数国家都不认可的问题，而在动物身上好像是合情合理的？我觉得这个实际上反映出了我们还是没有真正把动物当人看。

雷老师：那些没有实施安乐死的国家并不是反对安乐死本身，而是出于对安乐死是否违背当事人的意志以及安乐死的操作程序是否能够杜绝蓄意杀人的问题的担忧。实施安乐死有一个必不可少的前提，就是没有任何一种方式能够挽救当事人的生命，也就是说，他是必死的，在这种情况下，一个人安详地、有尊严地死去显然比在痛苦中挣扎着死去要好得多。另外，生命的平等是一个原则，在现实生活中这个平等是有差别的。

刘天天：平等还有差别吗？

雷老师：对。平等原则要求你的父母对每一个人都给予平等的关爱，但现实生活中人们做不到。你的父母对你的关怀绝不会跟对一个非洲孩子一样。

刘天天：也就是说，道理上应该是平等的，但是实际上不会？

雷老师：平等是一个原则，在这个平等的原则下是可以有些差异的。平等原则要求王子犯法与庶民同罪，但现实生活中我们总是会在这个原则下打个折扣。人是社会性的动物，由于血缘、姻缘、族群、同事、朋友或上下级等各种社会关系的复杂性，人们在考虑问题的时候往往是在平等原则下再来一点亲情原则，也就是越靠近自身的，跟自己关系越近的，在自己心目中的分量就越重。所以当我们讲原则上的平等关怀的时候，并不妨碍在实际操作过程中有一点儿差别，这也是很正常的事儿。在处理人与动物关系时同样会遇到这样的问题。

刘老师：按照你的这个说法，人工饲养的那些家畜比野生动物离我们近啊，我们对它们似乎应该更加关爱。

雷老师：这种远近关系不是空间上的，而是情感上的。我们在处理这些问题的时候不是完全按照理性的原则来办事的，常常会夹杂着一些心理因素。上面讲到的各种关系对我们行为的影响也是心理层面的，并不是说我们应该这样做。当我们讲到应该的时候，需要用理性而不是情感来做判断，必须考虑到动物的内在价值和外在价值，比如生态价值、审美价值、经济价值等方面。

刘老师：我们前面涉及了一些直接或间接的家畜问题，最后做一个总结，根据我们聊的这些，从道德伦理来看，你有什么收获吗？

刘天天：我觉得既然家畜已经存在了很长时间，肯定有它们的合理性，至少它们可以满足我们吃肉的需要，而且是在不去捕杀野生动物的情况下吃肉。在已经允许我们吃肉并且允许饲养家畜的条件下，我们要考虑尽量给它们一个好的生活环境和一个没有痛苦的死亡过程。

雷老师：这样的理解非常好。至少在现阶段处理人跟家畜的关系上，这是一个比较明智的方案。

刘老师：关于家畜的问题，首先涉及人工饲养，吃肉只是一个方面，还涉及羽毛、皮等各个方面。在这里，不同的伦理学立场对人和家畜关系的看法是不同的。目前这个阶段，对于普通人来说，暂时先把线划在一般的动物伦理学层面。这个问题上，从一般的也有争议的科学立场来说，吃肉有现实的合理性，并非说吃肉就是罪恶。为了人的利益，我们要利用这些资源。只是在这个过程中，我们在情感上对那些被吃掉的动物应给予尊重，并且避免对它们包括生前饲养条件上的虐待。从最基本的立场出发，大概也就是如此了。如果再深入讨论的话，恐怕连肉都不能吃了。

雷老师： 有人写过文章，讨论为什么人这种动物要喝牛那种动物的奶。他觉得这是件很奇怪的事情。

刘老师： 这个事儿我知道。按照我们的说法，现在养牛的方式是有问题的。我参观过现代养牛场，确实很不“牛道”或者很不“动物福利”。比如，母牛生下小牛以后，不许小牛跟母牛接触，这是为了保证母牛很长时间内能继续产奶。类似的还涉及食品、饲料添加剂等一系列问题。这里有诸多没能达到动物福利标准的做法。但是按照我们刚才的说法，这些问题不是不可以解决的。如果我们解决了这些问题，它们就不再是我们不能喝牛奶的理由了。

刘天天： 动物福利论者反对杀生，对吧？他们尊重的动物权利应该是动物的生命权吧。

雷老师：对，这实际上涉及两个方面的问题。一个是对于生命的毁灭和促进的问题，这肯定是在处理善恶问题时必须正视的一个问题，他们主张尽量避免杀生。第二个涉及动物福利问题，就是人道地对待活着的动物。如果动物必须得死，那么也应该人道地死。

刘天天：至少在无法逆转死亡而且感到痛苦的情况下，动物是可以被安乐死的。

雷老师：对于这种情况我们只能拿人来做类比，总之要尽可能避免给动物造成本来可以避免的痛苦。

刘老师：避免带来痛苦和珍视生命，有时候是冲突的。

雷老师：对，这个问题在伦理学上有明确的解决方案，就是生命是第一位的。为了挽救生命可以把痛苦放在次要地位。比如，一个动物被陷阱夹夹烂了腿，这个时候只有截肢才能保住它的生命。怎么办？你救助的时候它肯定是痛苦的，两害取其轻，只好截肢了，挽救生命是最大的善。

刘老师：这又派生出其他问题了，这是你替它做的决定，你怎么知道它究竟想什么？如果它有能力选择的话，你怎么知道它是选择截肢还是自杀呢？

雷老师：这应该不难判断，所有的生物都有一种求生的本能。

刘老师：是，所有生命都有求生的本能。人类虽然讨论安乐死的问题，但不排斥人有尽量延长寿命、好好活着的本能。只有在跟某些痛苦相比较以后，人才会选择安乐死。

雷老师：这是两个概念，我们已经反复强调，安乐死有个非常明确的界定，就是有很多条件同时吻合才可以实施安乐死。其中一个条件就是死是必然的，在目前的技术条件下，没有一种方法能够挽救他的生命，这是最基本的，不满足这个条件是不能实施安乐死的。

刘老师：那谁都是必然要死的啊。比如癌症患者如果没患癌症，这人就不死啦？当然，这个时候实施安乐死，不是因为他过些日子要死，是因为在临死之前他太痛苦。

雷老师：安乐死只是我们在面对死亡时的一种选择，是愿意痛苦地死还是愿意无痛苦地死的问题，绝不是说人几十年以后都会死，是打算那个时候痛苦地死还是现在快乐地死，因此，安乐死讨论的不是该不该死，而是以何种方式死更人道。

刘天天：假设一个生活在很舒服的环境中的家养动

物，因为太老了死了，从伦理上看，我们可不可以吃它？

雷老师：如果已经死了，吃与不吃它都不构成伦理问题。

刘天天：为什么？

雷老师：动物解放论者主张不给动物造成不必要的痛苦，不杀生。如果既没有给动物造成痛苦，也没有杀生，那么，如何处理已经失去生命的动物就不受伦理制约了。现实中许多动物解放论者是素食主义者，他们拒绝吃肉。

刘老师：我明白她的意思，他们这个时候仍然选择素食，并不是为了捍卫伦理理念，而是出于一种心理习惯。

雷老师：吃肉并不能使他们快乐，相反，还可能因为与他们的立场相冲突而使他们产生内疚或罪恶感。

刘天天：他们选择吃素是为了减少对动物生命的主动伤害。如果动物是因为太老了死了呢？比如，我们所有的养鸡场、养猪场全部不杀动物，都让它们自然死亡以后我们再吃。

刘老师：那个时候就没有养鸡场了。

刘天天：养到它们老死以后才吃啊。

刘老师：你又不杀，你养它们干吗呢？

雷老师：现代的养鸡场是一种商业化的动作，目的是要短时间、高效率地产鸡。鸡自然死亡的周期太长，根本无法满足社会对鸡肉的需要。当然，从逻辑上讲，你说的这种可能性是存在的，不过这样的话，就意味着现代饲养业完全可以废除了。

刘天天：废除了的话，人要吃肉就必须到野外去找。如果保留养鸡场，把那些鸡养到死，自然死亡以后再把肉卖出去，是不是就不存在这个问题了？也就是说，所有养鸡场给鸡一个很好的生存环境，让鸡活一辈子，死了，然后把肉卖出去。

雷老师：这样的话就没有什么伦理问题了。

刘老师：那动物解放论者会支持这个做法吗？

雷老师：这个问题已经超出了他们讨论的范围。如果人类真能这么做，表明人与动物的伦理问题基本得到了解决。

刘老师：还有一个例子，在现实中虎骨是不能用的，因为要保护老虎。但有人说，老虎已经死了，不用它也浪费了。

刘天天：虎骨有一个特殊性。老虎是濒危动物，虎骨资源非常稀缺。如果允许用虎骨，很可能让人钻这个空子，他们会说我用的虎骨是已经死了的老虎的。

雷老师：对死亡动物的利用不构成伦理问题。首先没有毁灭动物生命，第二没有虐待动物，只要满足了这两条就满足了动物伦理的要求。

刘天天：我们现在指的是这个符不符合动物解放理论的要求。

刘老师：我觉得理论上是符合的，没有矛盾，但在贯彻这个理论原则的过程中，培育出了与情感相关的原则。比如，你为什么不吃狗肉？

刘天天：因为狗太可爱了。

刘老师：对啊，你并不是基于什么伦理原则。你不忍心吃它，是因为它很可爱，你对它形成了一种审美的概念。如果那只狗死了呢？你还是不吃它。

刘天天：这种情感的东西是比较个人化的。这一代的动物解放论者已经习惯了素食，他们可能不吃自然死亡的动物的肉，但是下一代只关心素食这个理念，没有情感因素，他们可能会吃。

刘老师：这是情感方式表达的问题。在某些原始民族中，有人吃人的现象，吃了你是对你的一种尊敬，因为把你分吃了，你就升天了。但是，这种表达情感的文化习俗方式也是不一样的。

雷老师：吃肉本身没有伦理问题，我们说吃肉会带来伦理问题，是指对动物的杀戮和虐待。伦理是人类文明的一把标尺，不同时期的文明，其伦理要求是不一样的。你说的食人族部落有着较为原始的生存方式，它的生活习俗往往与现代的伦理道德观念有冲突，但我们不能用现代的伦理标准去要求生活在原始状态中的人。你们提出了一个很重要的问题，那就是我们在遵循普遍的伦理原则之外，还要考虑各种文化和习俗之间的差异。

刘老师：人之所以为人，除了生命属性以外，还有文化，这是人类的一个主要特点。

刘天天：我还是有点糊涂。如果养殖场符合动物解放论观念，不杀生、不虐待动物，那么，动物解放论者会不会因此选择吃肉的生活方式？

雷老师：如果不违背动物伦理的要求，吃不吃肉完全是他个人的选择。事实上，动物解放论者并不是全部吃素，他们只是号召人们尽可能吃素，这样做的目的是为了保护动物，使动物不受工厂化生产方式的虐待。不吃肉不是他们的目的，今天仍然有大量的动物保护人士吃肉。你可以想一想，如果整个饲养过程完全符合动物伦理的要求，那就没有必要要求人们吃素了。当然，我们仅仅是从伦理的角度谈素食，前面也讲过，选择吃素的原因有多种，伦理上的原因只是其中一种。

06

第六日

对待植物也有伦理问题吗

人类对待动物和植物有什么差别？

刘老师：我曾经遇到过一个在环保系统非常活跃而且做了很多环保普及工作的人，他明确地说，他特别喜欢动物，对植物兴趣不大。这好像是比较典型的看法，觉得动物比较有意思，是活的，而且跟人的关系比较密切。

刘天天：而且对你有反馈。

刘老师：对。我们的潜意识里好像是有这样的倾向，认为动物更高级一点儿，所以对动物比较有兴趣，愿意跟它们打交道、了解它们。但在有生命的世界里，植物应该是更大的一部分。就我们目前所知道的种类，是植物更多还是动物更多？

雷老师：植物更多一些。

刘老师：但是我们通常对植物的了解是不是少一些？

刘天天：我没有这样的感觉，家里养花养草的不比养动物的少，养花养草也是对植物的一种兴趣。

雷老师：大家对植物，可能更多的是从美感方面来理解的，对动物的认识除了审美，还有一些更感性的理由，如动物可以变换各种姿态，更彰显着活的生命形态。

刘老师：养花是觉得它比较漂亮。

◎ 植物的丰姿

雷老师：大家去植物园，多半是去赏花，没有多少人会关注路边的小草。直接地讲，人类对动物肯定更加关注一些，因为它们能给人直接反馈，赋予人一种情感。如果你对动物有某种付出，那么动物多多少少会有一些直接或明显的反应，让你觉得得到了回报。

刘老师：我觉得，对于生命价值的认识也有差别。比如，我们把草踩倒、拔掉，或者是收割、开荒把它清除掉，好像不觉得有什么关系，似乎没有像对动物那样把植物看成有生命的对象。我们说植树造林或森林保护，好像更多也是因为它们对人类有价值，而不是从生命系统这个层面来考虑。

刘天天：我觉得这可能是因为你欺负一个动物的时候，你可以看到它的表现，但是欺负植物时就不太会意识到这一点。

刘老师：这不就是差异吗？

刘天天：你看不到它的情感表达。

雷老师：动物对生命力的展现比较生动，它的形态在不断变化，就会产生一种美感。植物的表现方式相对来说单调一点儿，它总是固定在土壤里的某个位置，默默生长。你看到的仅仅是它形态上的一些变化，看不到它任何的表情和反应。从外部来看，我们通常只需要看它几眼，或者对它有一个印象就行了。

刘老师：先从外部来说，有这么一个问题我不是很熟悉。现在按照人们的分类，世界可以分成有生命的和没有生命的。在有生命的世界里，有动物、植物、微生物等，动物和植物占很大一部分。从伦理上来说，人们是从什么时候开始意识到植物也有生命呢？

雷老师：在古代人们应该就已经意识到了，但从伦理或法律角度来理解植物确实是最近几十年的事情。大约在 1974 年的时候，有一位名叫克里斯托弗·斯通的美国学者写了一篇文章，题目叫《树木拥有法律地位吗？》，目的是要为植物争得相关的权利，这篇文章后来被广为流传。到了 20 世纪 80 年代，有位叫保罗·泰勒的哲学家在一本名叫《尊重自然》的书中，系统表达和论证了“所有生命都是平等的”思想。前面我们讲所有动物是平等的，而他讲所有生命都是平等的，就包括植物了。

刘老师：也就是说离现在才 40 多年。我们前面讨论过素食的话题，如果把这个问题扩展到极致，也就是从生命考虑，吃植物从伦理上讲似乎也有那么一种不够仁慈的意味。你吃的植物也是有生命的东西，这也会涉及伦理问题呀。

雷老师：生命是否存在着不一样的价值，目前不同的人对此的理解是有差异的，这就是为什么生物中心论者认为素食主义者的做法是狭隘的，认为他们犯了物种歧视的错误。

刘老师：也就是把物种分成了高级的和低级的，高级的可以保护，低级的就无所谓了。

刘天天：那么真正彻底的保护生命就应该什么都不吃了。

雷老师：这就是困境了。生物中心论者认为动物保护主义者歧视植物，因为吃掉一些植物，尤其是吃掉一些农作物，就意味着人对这个物种有伤害，这的确是个很大的问题。我想无论是动物解放论者还是生物中心论者，他们都不会这么狭隘地理解动植物，但对他们的思想没有深入了解的人可能会产生误解。我们知道，现实中的所有物种，无论是动植物还是人，都需要通过毁灭其他生命的方式来维持自身的生存和发展，这个时候就已经在按生物学方式生存了，这类行为是靠自然规律来支配的，不涉及伦理问题，比如一个饥饿的人剥下树皮煮着吃了，你不能说这是不道德的。

生命需要的不同层次

刘老师：也就是说，这里有一个界限划定的问题，以是否满足基本的生存需求作为界限。比如我们日常生活中要吃粮食、蔬菜什么的，这不存在什么问题，而浪费粮食就有问题了？

雷老师：当我们的需求处在不同层面的时候，支配它的道德原则就不一样了。就最基本的层面来讲，所有有生命的东西都有一种维持自身需要的本能。在这个层面上，可以说所有的生物个体和物种都是以自己为中心的，这个问题在前面已经讲过了。当生存需要受到影响的时候，就需要按照一种价值原则来进行判定。比如，人和动物都必须满足自己的生存需要，具体地说，当一只饥饿的老虎为了生存不得不吃你的时候，同样你也面临着必须捍卫自己生存的问题，你完全有理由打死老虎而不受任何谴责。

刘老师：为了自卫。前一段时间讨论这类问题的时候，有人就以武松打虎的例子来说明人们可以不顾及动物，其实他恰恰混淆了不同的情境。

雷老师：在人和老虎面临同样的生存需要的时候，自然法则起主要作用。如果两者不是面临同样的需要，如老虎纯粹因为兽性发作要咬人，那么这个时候，人是面临生存需要的，我们知道生存需要永远是第一位的，所以人打死老虎可以不负任何道义和法律责任。相反，人为了表现自己的胆魄而打死老虎，就像武松那样，用今天的道德标准来评价，显然是不道德的。所以，这里最重要的前提是对需要的层面做一个判定，然后就可以运用伦理原则进行评价了。

刘天天：我插一句，假设武松不走景阳冈也可以……

雷老师：你说得很好。武松是完全可以不走景阳冈的，与老虎遭遇的主动权在武松一边，是由武松来决定的。武松纯粹是为了显示自己的能力与老虎较劲，所以武松是故意的，他就是想杀死那只老虎。

刘天天：那这个时候武松杀老虎就不符合伦理了。

刘老师：武松走不走景阳冈这件事情，当然涉及很多方面。我们刚才的讨论设定的是武松已经在景阳冈了。当然，按照今天的说法，武松就有责任了。我们可以设想，如果武松并不了解景阳冈有没有老虎，恰巧碰见老虎了，在这种情形下怎么办？老虎这类动物有对人产生威胁的一面，但植物对人的威胁就不会像猛兽一样了。

刘天天：也有。

刘老师：但少得多。

刘天天：我觉得人不吃植物会饿死，这也是人类生存的本能。

刘老师：人吃植物是为了生存，是这个意思吧？

刘天天：嗯。

刘老师：我们今天的谈话涉及好几个层面，其中一个是在和动物相类比的时候，涉及物种、生命之间的关系。当然，在植物的问题上是不是有什么特殊性，还是先请雷老师说一下吧。

雷老师：我们谈到道德责任问题时，得区分生命需要的不同层次。比如，人的需要就有三个层次。

第一类是生存需要，动物、植物也有这类需要。如果在这个层面上人和动植物发生了冲突，人的利益是至高无上的，人为了生存需要完全可以吃动植物，这是受自然法则支配的。

第二类是基本需要，它是指满足健康生存的需要。人的基本需要是什么？就是我们通常说的活得像个人，让人健康地成长。动植物也有基本需要。为什么不可以把老虎关在笼子里？关在笼子里只满足了它的生存需要，它的基本需要应该是在森林里。

第三类是非基本需要，是指没有也不影响日常生活的一类需要。非基本需要主要是人的需要，动物中的非基本需要主要限于有感觉能力的高等动物，而且它们的需要类型和感受能力远远比不上人类。比如说我想有车有别墅，想有电视、音响，等等，都属于非基本需要。养宠物、打猎不是为了我的生存，而是为了满足我的快乐，这也是非基本需要。对于人来说，愉悦的方式有多种，像养宠物、打猎这类活动完全是可以放弃的，放弃了这类需要，我们照样可以过得很好。

刘老师：我觉得还有一个例子，比如天冷穿衣服，你可以穿棉衣，不一定非要用藏羚羊的羊绒，或者什么貂皮大衣。当然，不排除在特殊的寒冷地区，人们需要一些皮具，尤其考虑到传统习俗在其中的作用。

刘天天：在那种情况下，皮毛应该是基本需要。

刘老师：对，如果那个地方不长棉花的话。

雷老师：这里要做区分。某些地区或少数民族用动物的皮毛，如果是传统习俗，而它的文化传统又无法与现代人的生活方式相融通，那么，我们就应该尊重他们的传统，可以视其为生存需要。比如，捕鲸是爱斯基摩人生存的需要，是其生活的一部分，我们可以限制现代民族捕鲸，但不会对因纽特人做出同样的限制。另一方面，现代人已经拥有了很先进的技术来满足自己的生存和审美的需要，这个时候就不应该为了自己的非基本需要再去伤害或毁灭动物了。

刘老师：这里就有一个差别了，我们刚才讲到动物、植物的时候，确实发现由于种种原因，对它们的态度不太一样。讲动物的时候比较好理解，讲植物的时候，虽然也说“谁知盘中餐，粒粒皆辛苦”，也认为不应该浪费粮食，但实际上人们考虑的主要还是经济价值，因为人类付出劳动了，所以不应该浪费劳动成果。没有像雷老师说的那样，把植物看成一种生命类型，去考虑这种浪费意味着什么。

雷老师：刚才讲的生存需要，无论是对人、对动物，还是对植物，都是同样的。如果我们和动植物都面临同一个层次的需要，那么所有的生物都有权捍卫自己的生存，这个时候是生态规律起作用，而不是伦理原则。在这种情况下，人是可以吃动物和植物的。现在人与动植物的冲突主要表现为不同需要层次上的冲突。就像现代人的狩猎活动，对于动物来说是生存需要，对人则是非基本的娱乐需要，前面的需要更基本。从需要的排序上看，生存需要大于基本需要，基本需要大于非基本需要。在需要不对称的情况下，后者要为前者让路。为了满足人的娱乐需要去毁灭一个生命，在道德上是一件很罪恶的事情。网上讨论很热烈的虐猫事件，就说明大家把它看成了一个伦理问题而去谴责虐猫的人。虐猫是为了满足畸形的心理欲望，不惜毁灭一个生命，而且是用一种让猫感受到痛苦的方式折磨它，这是极不道德的行为。

刘天天：那要是把这件事类比到摘花上……

雷老师：我想动物和植物的情形是一样的。

刘天天：我觉得摘花这个行为首先肯定是为了满足人的非基本需要，但是对植物来说影响的却是生存需要。

植物有感觉吗？

刘老师：我们再区分一下，摘野花和从花卉市场买人工培育的家花有什么不同？因为一开始种家花的目的就是为了摘下来然后出售。怎么看待这个关系？

雷老师：从生命的角度来说，野花和人工培育的家花是没有区别的，它们都是活着的生命。因此，那些希望促进生命健康成长的人不赞成这样的产业，不赞成为了满足人的审美或精神需要而大量毁灭这些美丽的花卉，或者认为没有必要让植物为人的审美需要付出生命代价，这意味着它永远地丧失了生存机会，而生存本身就是植物应该拥有的权利。所以，生物中心论者认为这种做法是不道德的。但大多数人对植物似乎没有这样的感觉，因为植物没有感觉，即使你摘了它，剪它的枝，它也不会感到疼痛。

刘天天：植物没有感觉这个结论，是怎么得出来的？

雷老师：对于什么是感觉能力，生物学上是有明确定义的。我们通常认为没有神经系统，尤其没有中枢神经的动物往往是没有感觉的。植物显然没有神经系统，但有些植物是有感觉的，比如含羞草，你碰到它，它就会合起来，尽管我们把这种现象解释为细胞的应激反应，但看起来是有感觉的。

刘老师：有报道说，给植物听音乐，植物会长得更好，而且听摇滚乐的不如听抒情的古典音乐的长得好。这在科学上有没有什么解释？

雷老师：这样的结论仅仅是通过对照组的分析得到的，至于音乐影响植物代谢过程的机制是什么，现在还没有一个合理的解释。

刘天天：也就是这个说法还只是一个猜想？

雷老师：这只是对实验结果的一个初步分析。我想，植物没有神经系统，只能感受到音乐的不同振动频率，就如同我们看到的五颜六色的东西，实际上是由于光的频率不同造成的，盲人就看不到颜色。植物的情况也大致相似，只是感受到了不同频率的声波。可能某段声波对它的影响比较强烈，某些波段差一些。我过去在做植物光反应实验的时候，就发现不同频率的光对植物生长有影响，光不仅影响植物的光合作用，还会影响植物的代谢。由此我们可以推测声波对植物也会有影响，但究竟影响有多大，现在还很难说清。很多结论是根据我们的经验得到的。

刘老师：这可能是一个类比，比如人听到音乐有一种什么样的感觉。

雷老师：不完全是这样。通过放不同的音乐来观察音乐对植物生长的影响，结果发现，有些植物确实生长得比别的植物好，有对照组证明。

刘老师：这只是从结果上的对照。我们看到的一些现象，背后真正的因果关系、有着怎样的机制，我们现在并不清楚。还有，在这种推理背后，是不是有一种心理倾向？我们听噪音觉得很难受，而听音乐就觉得很舒服，就设想植物会不会也有类似反应。

雷老师：我想，在分析植物的时候，我们往往会受到心理偏好的影响。当然，我们不能排除植物在长期进化过程中，到了一个阶段会进化出一种新的功能。我们不能用人和动物的情况去类比植物，尤其不要以为植物没有感觉器官就断定它们没有感觉能力，或许它们有自己独特的感受方式，我们还没有发现。

刘天天：我们养花，然后把它剪下来去卖，跟我们养羊然后把它杀来吃有什么区别？

刘老师：从动物福利的观点来看，花没有明显的感觉能力，也没有动物那样的权利，处理它当然是没有什么关系的。但生命论者会认为，植物也是有生命的，剪花去卖无异于谋财害命。他们各有各的道理，但主要还是看问题的视角不同。我感觉这个问题还是需要用需求层次来分析。比如，我们家里摆个花篮，或者为了表示友好送朋友一束花，它通常表现为心理需求，这个时候花代表着某种特定的含义，已经不再是它本身的价值了。这跟我们吃饭吃菜不一样。吃是为了解决生存需要。当然，素食主义者不吃肉也可以满足生存需要。其实本质上有什么差别，我也没有想得特别清楚。我给你一个约束条件，在野外破坏这种植物，和在人工培育之后出售植物，是不是有点像野生动物与家畜的例子？

雷老师：本质上是没有差别的。家畜的命运从一开始就被人类决定了，注定要被人类吃掉；还有像金鱼之类的观赏性动物，它们的存在纯粹是为了人审美的心理需要，它们必然要被人类限制起来。栽培花卉的情况跟这些动物非常类似。我们之所以关注动物而不关注植物，首先是植物生命形态的变化比较单调，它的生长繁殖也远不如动物生动；其次是人们在处理植物时，植物的反应人们根本感觉不到，因此，即便剥夺了植物的生命，我们认为它不会感觉到痛苦；动物则不然，把金鱼从水里拿出来，它会乱跳，给人以很难受的样子，让你觉得你在亲手杀死它，大家肯定会觉得这样的做法很残忍。

刘老师： 也就是说，从伦理学角度来看，争议是不是可能出现在这个地方：人们由于持不同的立场，把价值和伦理的界限放在了不同的位置，一个强调有感觉能力，另一个强调生命平等，从底线上讲，后者是不是进入了一个更高的境界？

雷老师： 我们刚才谈到了所有生命都平等的观念，但并没有就为什么要强调生命平等进行讨论。在生态伦理学中，有一个很有代表性的流派叫作生物中心主义或生物中心论，它主张所有生命皆平等。如果按照这种主张，那么植物与动物是完全平等的，因为植物也有生命。在生物中心主义者看来，仅仅强调动物福利、动物权利这样一些伦理主张是不够的。他们认为，如果道德关怀只涉及有感觉能力的动物，那么范围就太狭窄了，因为毁灭生命，无论是什么样的生命，都是不道德的事情。

对植物也讲道德，这话听起来似乎有些荒唐，但对于生物中心主义者那可是一件非常严肃的事情。我们不妨从他们的角度来看看是否有道理。在我们生活的周围到处都长着各种各样的杂草，有时候我们为了美观还会拔掉这些小草，可是小草很顽强，无论你怎么处理它，只要有机会它就会从地里冒出来。一株小草在人的眼里微不足道，可它生存得极其顽强，只要有生存的条件，哪怕在石头缝里，它也会倔强地长出来，并且用各种办法来躲避不利的因素。比如冬天到了，地上生存条件严酷，它表面就会枯萎，然后把所有的营养移到地下的根部，等到春暖花开的时候重新生长起来。植物有它自己的生存方式和生活能力，只不过它的适应能力和应激能力没有动物那么明显和直观。

刘天天：就是说所有生物都是平等的，那么它们的权利应该也都是平等的。

雷老师：他们讲的平等主要是权利的平等，当然，是原则上的。

植物园也有伦理关怀问题吗?

刘天天: 如果动物享有自由的权利，我们不应该把动物关在动物园，那么植物园是不是也涉及这个问题?

雷老师: 这与动植物各自的特性有关，动物的生活空间是移动的，植物则不然。植物的空间需求没有动物强烈。植物的需求更多的是环境因素，光照强度、时间，温度、湿度变化以及水分、土壤肥力等。因此，植物园同样涉及对植物的关怀问题，只是表现形式不同而已。比如，你想把一株生长在热带地区的植物放到植物园里，

◎ 植物园一角

就应该模拟热带的场景，也就是提供它在热带地区生长的条件。

刘天天：也就是说，只是不应该把一个热带植物移到温带或者寒带的问题。

雷老师：移到不适合它生长的环境中，对它肯定是不利的。

刘天天：也就是说，植物的伦理问题涉及我需要给它提供合适的环境，但不涉及我应该不应该把它搬到不适合它的地方。

刘老师：植物和动物不一样，它是不可以自由移动的。

雷老师：就整体而言，在自然环境中，植物永远最适合生长在原居地，在这里各种植物间的竞争达到了动态平衡，所有植物都在这样的环境中找到了对自己和对群落最有利的位置。我们通常看到的只是植物形态上表现出来的东西，其实在内部，植物与植物之间、植物与环境之间的关系远比我们看到的要复杂和激动人心，可以说它们就是一个世界。

刘老师：有一个更确切的例子能够说明这个问题。盆景是我国独特的传统园林艺术之一。做盆景的过程就是对植物进行摧残、虐待的过程，让它畸形地成长，该长大的不长大，约束它，让它变得很不自然，但还活着，以这种方式满足人们的审美需求。我觉得这个比你说的位置移动更贴切一点。

◎ 盆景

雷老师：这里就有一个审美错位的问题。我们通常觉得奇花异草才是美的，尤其是当我们的审美情趣与经济利益搞在一起，问题就更大了。如果我们更好地了解自然，知道自然的是符合事物本性的东西，就不会去搞那些人为之事。总体上说，在我们的审美观念里应当建立起这样的概念：只有在自然状态下展现的生命形态才是真正美的，动物、植物，甚至人也是这样。从伦理的角度来看，这确实涉及我们怎么做才算合乎道德规范的问题。其实道德规范的要求已经很明确了，就是不做违背动物或植物生活习性的事，要从它们的角度来思考问题。如何从它们的角度思考问题？就要多多学习有关它们的知识，知道鸟是在天上飞的，就不要把它关在笼子里；知道是群居性的动物，就不要单独养一只，这些都不符合动物的生活本性。植物的情况也是一样。植物虽不能像动物那样动，但它也有自己生活的条件。前面讲到的光照、温度、湿度、水分，无机、有机的养分等，都是它生存必需的基本条件。有了这样的观念，就不难判断盆景问题的正误。

刘老师：讲到这一块，感觉经常存在着分歧和争议。做盆景是为了满足人类的审美需求，而把一个植物物种培育成一种可种植的庄稼，实际上也是在改变植物原来的生存状态，原来不结那么多那么大的果实，由于我们人工的改良造成了这种结果，是不是也有一些类似呢？

雷老师：都是同样的人为方式。一个是从外部形态上改变，一个是从内在品质上改变。

刘老师：最极端的情况就是无子蔬菜、无子瓜果的栽培。

雷老师：品种改良有两种方式，一是用传统的杂交方式，从自然变异的品系当中筛选出我们所需要的，这个寻找起来比较难，工作量很大，就像袁隆平的杂交水稻一样，它并不是完全人为的方式。这种杂交方式在自然界中也存在，只是概率很低，人的作用只是从外部帮助实现这一过程，它本身并不改变什么。第二种是现代的杂交方式，它与这种传统的杂交方式有质的不同，就是人为地改变了植物的内部结构，比如植物基因工程就是对植物的遗传物质 DNA 进行操作，通过改变基因的结构和功能达到改良植物品种的目的，这就是完全人为的过程，是人迫使植物按照人的需要生长，小麦、玉米、大豆等，都有转基因的品种。

刘天天：比如说无子番茄吧，种植无子番茄时要往上面抹生长素，不让它受粉，但可以结果，像这种是不是也是通过人为手段来达到改造目的？我觉得这种比较“恶劣”，让它结果的目的就是为了产生种子。

雷老师：就每个个体而言，在可承受的范围内，都希望自己结的果实越多越好，这是为了整个物种的繁衍。但事实上对植物来讲，在自然界中有各方面因素对它的制约，真正能够使它所繁衍的后代展现出来，概率是非常低的。

刘老师：由于它总数大，概率虽低但仍可以繁衍后代。

雷老师：植物的繁衍主要是以量取胜，这也是适应环境的结果。我们从种子与果实的关系也能看出植物在适应自然环境过程中表现出来的智慧。我们通常会把产生种子和果实说成是它的本能，实际上这是一个双赢的策略，很值得人类学习。我们吃的果实，比如桃，外面是有营养的果肉，里面是咬不动的核。植物的智慧就在于引诱你吃掉果肉，丢掉果核，这将有利于它的后代的扩散。所以它产生果实是为了自身的利益，让动物来吃它，让动物在享受快乐和营养的过程中帮它劳动，并且习惯，最后形成一种稳定的依赖关系，这是很高明的做法。

刘天天：动物吃也不一定在原地吧？

雷老师：不在原地更好，动物能带到多远，它就可以在那里生长发育，扩散范围肯定会越来越大。由此我们可以看到，植物其实是有智慧的，至少从我们的角度来思考这些问题时不得不这样想。当然，每株植物都试图这样做，如果都很成功，那么世界上可能就是这方面能力最强的植物的天下了，但实际情况不是这样。从这又可以看出，自然界在处理这类事情的时候分寸把握得很好。当然，这样说来，又会涉及植物的个体与物种的关系了。

整体主义与个体主义

刘老师：就伦理的意义来说，个体和物种的关系是怎样的？

雷老师：由于存在着个体与物种的关系，因此站在任何一方看问题都有合理之处。生态伦理学中就一直存在着整体主义和个体主义两种类型。

刘老师：有不同的立场？

雷老师：千万别小看这两种不同的立场，它们涉及这个社会究竟应该做什么才真正好的根本性问题。比如，我们通常说西方民族意识是强调个人主义的，说到人的时候，它指的是一个个存在的个人，而不是讲整个人类。西方人讲自由、权利也是讲个人的自由和权利，只有个人才是真实存在的，但是这个自由和权利是以不妨碍他人为前提的，也就是说，只要不影响他人，我可以最大限度地满足我个人的利益，谁也管不着。在个体主义那里，人类是一个抽象的概念，为人类谋福利是什么意思？人类就是所有的个人，为人类谋福利就是为每一个人谋福利。因此，只要讲人人平等就行了。

还有一种立场，那是我们经常提到的，叫作集体主义。集体的利益通常就是指大家的利益，因此，强调集体主义通常会要求我们为了集体的利益而让个人做些牺牲，但这样又会带来一些问题。我个人认为，两者确实都有合理的一面，没必要贬抑对方。如果每个人都维护自己的利益，集体的利益不就得到维护了吗？通俗地讲，如果每个人都很富裕，整个民族不就富裕起来了吗？

刘老师：这是很理想化的，这里头还有一些约定，当然最基本的底线是不能为了一个个体而牺牲别的个体。但是除了那种极端行为带来的损害，还有一些空间，比如，虽然我没有损害别人的利益，但也没有给别人带来一种最有利的条件，这时候就需要讲无私，牺牲自己而帮助别人。

雷老师：社会之所以倡导无私奉献，从根本上讲，所有成员都有一种心理预期，那就是帮助他人必会得到他人的帮助。尽管利他的行为实际上是以牺牲个人利益为代价的，但只要社会群体成员都这样做，那每个人都可以从中受益。大家可以算一下，总体的利益就那么多，这些利益在不同的社会群体中流动，群体越大，做的人越多，每个人从中获得的利益就越均衡，最终，我付出了多少能得到相同的回报。所以集体主义本质上仍然是为了个人，只不过出发点不同。

我们过去一直认为个体主义是不好的，集体主义才好，一个人强调集体主义道德境界就高，说到个人就觉得很自私，这是一种很偏颇的看法。你争当“三好”生，或得了一个奥林匹克竞赛的金牌，给学校、班级都争得了荣誉，这显然是件好事；但是，如果是为了表现自己而影响集体肯定是不好的，因为它损害了每个人的利益。

刘老师：这种问题很常见，比如球赛，从个人角度来说，你自己争到最好的名次，这是你个人利益的充分体现，但是为了团体拿冠军，有时候不希望某个个体按照最好的成绩发挥，也许你做出了牺牲没有打到最好，反而会让集体取得更好的成绩。

雷老师：整体主义者认为整体的利益大于个体的利益。从功利主义立场来考虑，如果为了集体利益牺牲某个人或小部分人的利益，而集体得到的利益超过了那一小部分人牺牲的利益，那么这就是值得做的事。

刘老师：我觉得跟前面讲的牺牲 1 个民工拯救 5 个院士的例子很像。

雷老师：前面所说的公众的意见就是从功利主义立场出发的。

刘老师：从整体主义立场来看，5 个院士活下来，对集体的贡献，在某种计算方式下，比民工的贡献要大。

雷老师：在生态伦理学中，整体主义更强调整个物种、整个生态系统的利益，当然，这里面也有很大的问题。个体主义有它的局限，我不知道大家注意到没有，如果像个体主义强调的那样所有的生命都是平等的，那摘一朵花跟杀一个人罪恶就是一样的。因为你摘一朵花等于毁灭了一株植物的生命，杀一个人毁灭了一个人的生命，由于花的生命与人的生命是平等的，那么摘花就等于杀人了。总体上，整体主义和个体主义两者都有它们的合理之处，但是片面强调各自一方，在处理现实问题上都会产生缺陷。

刘天天：个体主义者认为摘一朵花和杀一个人是一样的？

雷老师：一个坚定的个体主义者就不得不陷入这样的结论之中，前面提到的《尊重自然》的作者保罗·泰勒就从个体主义立场推出了这一结果。通常大家会觉得这样的结论很荒唐，可是逻辑上不能避免这样一个结论，怎么办呢？解决的办法就是设置价值等级，不同的生命拥有的内在价值是不一样的。前面讲过，即便设置价值等级也有问题，而整体主义可以避免这样的问题。比如，为了集体的利益，现在需要牺牲一个人的利益，但谁应该成为牺牲者呢？一只救生船只能承载 10 个人，但现在有 11 人需要坐上救生船，为了保住 10 个人的性命，就必须舍弃一个人，可是谁应该被舍弃呢？按照个体主义观点，所有人都一样，那怎么办？都不能死或干脆都死。但我们知道，牺牲1个人的生命挽救10个人的生命是最好的选择，这个时候实际上是在用整体主义的思路想问题。在这样的前提下，个体主义会要求我们认同一个契约来保护每个人生与死的均等机会，这样才是公正的。因此，我们应该用投票、抓阄这样的方式来决定。但这样做是真的公平合理吗？举这个例子是想说明，整体主义和个体主义在实际的决策过程中都有问题，表面看，整体主义要强过个体主义，实际则不然。如果我们将整体主义扩展到极端，就会出现非常可怕的后果。

大家都知道第二次世界大战中希特勒犯下的罪行。希特勒屠杀犹太人是件很恐怖的事情，今天大家还记忆犹新。当初希特勒之所以这样做，是有他自己的理论依据的，就是从整体主义立场来考虑问题的。

刘老师：什么整体主义立场？

雷老师：希特勒不可能无端地排犹，他一定要有借口，因为无故杀人德国人民不会同意。可是希特勒屠杀犹太人，相当多的德国人并没有反对，因为政府是按照《遗传卫生法》等相关法令行事的。希特勒这样做的目标很明确，就是纯化日耳曼人种，他认为犹太人是很低劣的人种。为了保护雅利安人的利益牺牲犹太人的利益，这就是利用了整体主义的名义。按照整体主义思路，为了多数人的幸福，牺牲少数人的利益是值得的。今天的生态伦理学中有人把这种思想称为“生态法西斯”。

整体主义的生态伦理原则

刘老师：你刚才也说了，整体主义和个体主义各有各的问题，按照一般的伦理学看法，我们到底应该采取什么样的立场最好？

雷老师：因为它们各有优缺点，只能依据实际情况去运用这两种原则。事实上，生活中我们常常同时使用这两种原则。就生态伦理学而言，整体主义不完全是从传统伦理原则推演过来的，在很大程度上是从科学的研究结论中得到的。

刘老师：你的意思是说，生态伦理学中的整体主义跟传统的伦理学还是有区别的？

雷老师：生态伦理学里有一个很著名的理论，叫“大地伦理”，有人称它是伦理学中的一个小革命。这个理论提到了一个很重要的道德原则，就是当一个人的行为有助于生命共同体的完整、和谐和美的时候，就是正确的行为，反之就是错误的行为。这个原则被称为整体主义的生态伦理原则。这里的生命共同体包括人、动物、植物和整个生态系统。共同体的英文是community，社会学里叫社区、社群，生态学里叫群落，包括植物群落、动物群落等。群落的意思大家知道，有植物，有动物，还有土地等自然因素加在一起。然而，这样的观点往往就被那些个体主义者攻击为“生态法西斯”。为什么？因为它以共同体的利益作为评价标准，只要促进了共同体的整体利益，牺牲个体的利益是很正当的事。

植物世界也精彩

刘老师：我们已经超前地谈到了非生命，暂时还是先回到植物界来。我们遗漏了一些问题，比如怎么看待摘花这件事情和植物的关系。关于植物，我们的认识还有欠缺。由于各种原因，我们对植物的兴趣不像对动物那么浓厚，普通人对植物了解得比较少。其实植物世界也是非常丰富多彩的，和动物界有很多非常相似的地方。

雷老师：植物世界的物种多样性程度比动物高。全世界的植物种类约35万种，每种植物的数量也远高于动物。重要的是，植物不仅为动物提供食物来源，由各种植物组成的区域还为动物提供良好的栖息环境。大家看《动物世界》比较多，对动物的感受也比较深，但是如果看过BBC（英国广播公司）制作的《植物的生活》，你就会发现植物世界的丰富性、多样性和表现力一点也不亚于动物，只不过表现方式有所不同。比如，我国云南省西双版纳的自然保护区中植物的多样性程度就非常高。我们看到的色彩缤纷的各种植物形态，诸如枝叶、花朵、果实之类的部分，只是表面，从植物的内部结构来看，复杂程度并不亚于动物，只不过要借用相关的设备，比如显微镜之类的仪器，才能看到。

刘天天：植物通常被认为是没有神经系统的，是因为它没有这个需要？

雷老师：神经系统是生物进化到一定阶段在较为复杂的动物身上产生的。自然界中生物的进化遵循着经济法则，植物在适应环境的过程当中，没有必要演化出这样一个系统。可以设想，一个不能迁移的生物，对环境最好的适应就是发展出适应不同季节变化的能力，能用别的方式感受环境变化，就没有必要演化出神经系统了。我们都知道，生命起源于最简单的单细胞生命，如最原始的藻类，老师跟你们说过它们是哪些生物吗？

刘天天：好像真没有细分。

雷老师：几乎是不可能区分的。比如我们说绿藻之类有叶绿体的生物是植物，可是看到水里如硅藻之类的没有颜色的东西，就说不清是植物还是动物了。

刘天天：还有一种——蓝藻。

雷老师：蓝藻是最原始的物种，是原核细胞生物。所有生物都是由原核细胞生物演化而来的。在生物演化的早期阶段，我们分不清谁是植物、动物，只有为了适应环境变化而朝着不同分支演化的时候，我们才能够慢慢明确。后来越走越远，就出现了植物与动物的明显区别，动物的特征在脊椎动物身上表现得更加完善，就是中枢神经系统的出现。

植物固定地生长在一个相对稳定的环境当中，只需要通过细胞的调节来抵制外界的影响。虽然没有神经系统，但植物与植物、植物与环境之间是有竞争、交流和适应的。我们从细胞层面可以看出，植物细胞之间联系非常紧密，也很复杂，不同种类植物之间常常有竞争，甚至产生拮抗作用。有的植物可以通过地下的根分泌抑制其他植物生长的化学物质，以扩大自己的地盘。植物之间也通过分泌各种各样的化学物质来进行沟通和交流。

刘天天：像是小说里提到的那样？

雷老师：这是真实的，植物学中有很多这样的研究成果。植物之间的争斗是很独特的，看上去不动声色，实质上暗度陈仓。原始森林里有时会自然地发生火灾，有些就是植物捣的鬼。它们借助自然条件将那些长得很大而寿命短的树淘汰，以便让那些幼小的小树苗能迅速地成长起来。

刘老师：我曾经听过这么一个说法，除了人为因素以外，其实很多山火是自然发生的，而且山火本身不完全是负面的，对森林群落的生长还有积极作用。如果我们见到火就灭，让森林永远处于不着火的状态，最后很可能出现一场扑不灭的大火。有这样的说法吗？我们怎么看待山火？

雷老师：过去我们纯粹用经济学的眼光来看待森林大火，看到的是木材损失，这是一种过于简单的判断。森林火灾产生的原因只有人为和自然两种。人为的原因肯定是不好的，这就不说了。对于自然原因引起的火灾，比如气候干燥的时候，如果有雷电或静电就容易发生火灾，过去我们一直认为像这样的森林火灾对植物的生长是有害的，参天大树被烧掉了，多可惜啊！但在 20 世纪 70 年代，美国的植物生态学家通过对美国各个自然保护区森林火灾的考察，发现了一个很有趣的现象，森林火灾虽然把参天大树烧掉了，可是它使那些没有烧掉的小树木又重新生长起来，只要你不干预它，过一段时间，它又会恢复到原来的状况。

刘天天：这等于是森林的一种新陈代谢。

雷老师：对，实际上是一种调节，这是它新陈代谢的过程火灾对某些树种是有利的，比如杨树，生长很快但寿命较短，长太大就会影响周边小树苗的生长，通过火灾淘汰衰老的大树，这是森林的新陈代谢。它通过自然因素来调节植物群落，从而维持整个生态系统的良性运行。人们发现这点以后，就开始用一种新的方式对待森林火灾。美国在处理自然状态下的森林火灾的时候，通常划定火灾范围，弄出一个隔离带，带内的就让它烧，这是一种顺应自然的管理方式。

看不见的战场

刘老师：回到刚才的话题——进化。

雷老师：所有系统都是在适应环境中逐渐进化的，地球上每个区域的气候条件在四季中总是呈现出规律性的变化，生活在这些区域的植物进化出了适应这些变化的能力，所以一般来说，植物生活的这个区域总是很适合它的。但是不要以为植物在一个区域里对环境的适应总是被动的，不像动物主动地建筑巢穴，例如小鸟做窝，植物好像很无奈，只能静静地待在那里，命运完全靠环境来主宰。你仔细深入植物之中，从群落的角度看就会发现，植物适应环境也是很巧妙的。当你走进热带雨林，外面很大的太阳射进来，林子里却在不断地滴水，里面的空气很湿润，很适合植物生长。西双版纳自然保护区就是这样，外边很晒，林子里很凉爽，甚至不断地有水珠滴下来，这是植物的蒸腾作用造成的，所以叫热带雨林。这是植物主动改变环境的一个很好的例子。

刘天天：我从课本看到的，黄山松可以分泌酸，可以溶解岩石。

雷老师：这些都是表面看不出来的，只有深入植物内部才会发现一些很有趣的机制。无论是热带雨林还是黄山松，都说明植物也有主动改变环境的能力，一株植物的力量虽然很小，但如果植物群体协同发挥作用，就可以形成一个大的环境。在这个大环境里，所有参与工作的植物都从中受了益，就像集体劳动为集体一样。所以植物和动物一样也有协同、合作和竞争。大家在动物界常常看到弱肉强食的现象，植物中也同样存在。热带雨林由于气温高，湿度大，植物种类繁多，密度大，故每种植物的生活空间缩小了，接受阳光的机会也相应减少。植物之间为了生存进行着阳光和土壤养分的激烈争夺。在自然竞争中，那些具有生长优势的物种可以得到充足的阳光和养料，从而在竞争中生存下来；那些处于劣势的植物终究会被淘汰。热带雨林中的绞杀植物就是竞争中的胜利者。西双版纳有一种植物叫绞杀榕，它用强大的木质根网把宿主树干团团裹住，吸干宿主植物的养分而杀死植物。然后绞杀植物的根网就成为一个空筒，但仍可以独立生活。热带雨林里绞杀现象很多，绞杀植物的种类也很多，比如桑科的榕属、五加科的鸭脚木属、漆树科的酸草属等。

◎ 植物绞杀现象

自然美还是人工美？

刘老师： 植物界是丰富多彩的，非常有意思，也非常神秘，只是我们关注得比较少。在这个有限的时间内，我们很难对与植物有关的问题做详细的介绍。回过头来说说我们关心的生态伦理。远的不说，就说咱们门口的两片空地，你们可能都注意到了，原来长时间没人管，野生杂草非常茂盛，后来后勤部门派人把那些野生植物完全砍掉了，我们都觉得挺可惜的。在我们的传统认识里，有野草的环境很糟糕。我去过英国剑桥，感觉那里类似荒野，植物很自然地生长，那种环境很漂亮。这里就有一个问题，我们怎么对待植物和人的关系？

雷老师： 这首先涉及一个问题，什么是美？我们通常认为，经过人为劳动创造出来的东西才有美感，没有经过人工修饰的东西总不如人工的美，这是一个认识上的误区，表明我们对自然美关注得不够。

刘老师： 现在很多的城市建设、绿化也有这个问题，把野草全部拔掉。绿化后来走到了另外一个极端，全部用人工草坪，还要用进口的草种，维护成本很高。其实在任何一个地方都有最适合当地环境的野生植物，而我们对它们的认识是远远不够的。

雷老师：从生态学角度讲，所有适应当地生存环境的植物，都是当地最好的植物。以任何方式引进的物种，要么经过长期的培育才能适应，要么很快适应进而造成对本地植物和生态系统的影响，最后的结果往往适得其反。

刘天天：这种生态系统包括农田吗？

雷老师：也包括，我们种草坪和农田里种粮食是一样的情况。水稻、小麦之类的农田面积大，种类单一。这种单一作物构成的生态系统最脆弱，如果发生虫灾或有害病菌侵入，那就全军覆没了。

刘老师：颗粒无收。

雷老师：如果不及时从外部加以控制，很容易造成颗粒无收的情形。这就是为什么农业种植一定得从外部补充物质、能量，不断给它施肥、打药。

刘天天：那农田除草怎么看？

雷老师：农田里除草是为了人类的利益，为了提高粮食的产量，解决我们吃饭的问题，这是没有办法的。

刘老师：种田这件事就像刚才雷老师说的，是不得已的，是为了满足我们的生存需求，但这跟我们旁边院子里除野草是有差别的，因为它不是为了我们的基本需求。

雷老师：在院子里除草不是为了满足生存需求，而是非基本的审美需求。

刘天天：如果现在有一个人没有工作，我们能给他提供的唯一工作就是除野草，这个时候怎么办？

雷老师：保证他的生存完全没有必要用这种方式，你可以让他看护好这些花草。

刘老师：这是对社会、对群体、对环境更有利的。植物的濒危是不是既有人类的原因，也有非人类的原因，或者说自然原因？

雷老师：当然。无论是植物还是动物的兴衰，大多是由外部原因引起的。外部原因有两种，一种是自然的，一种是人为的。并不是所有的物种濒危都是由人类造成的。自然界中人的出现是最晚的，在人类出现以前，动植物都会因为自然因素的变化而灭绝，恐龙灭绝就是例子。人的出现使动植物走向灭绝或濒危的过程加速了，大多数物种不是被人直接毁灭的，而是间接的。当然也有一些直接的，比如旅鸽。

刘老师：还有藏羚羊。

雷老师：对。

刘老师：植物也是这样。

雷老师：濒危的植物也有很多，我有一本书就是专门讲这些的。植物物种的灭绝在很大程度上比动物灭绝对人或生态系统的危害更严重，因为植物的生态地位比动物更重要。从生态系统来讲，植物是生产者，不仅要为动物提供食物，还要提供栖息地。很多动物的灭绝实际上跟它赖以生存的植物的灭绝有很大关系，比如我们前面说过的恐龙。可以想象，不毛之地上动物种类肯定是很少的。

刘老师：你也说了，生物都有一个自然发展、兴衰的过程，有时候很难分得清哪些是我们人直接或者间接影响的。对于那些纯粹是自然或非人类因素造成濒危的植物，我们要不要挽救？

雷老师：这是一个很好的想法。我们应该尽可能挽救濒危植物。有时我们确实很难区分自然原因还是人为原因，因为这两者是相互影响和作用的。比如温室效应直接导致地球表面温度升高，对有些植物就会产生不利影响，有的生存可能会受到威胁。单就这件事来看，好像是自然的原因，可是归根结底还是人类工业生产造成大量温室气体的排放导致的。这就是人为因素和自然因素混杂在一起，表面看是自然因素，实际上还是人为因素造成的。

刘老师：也就是说我们对待那些濒危植物的态度，其实应该像对待濒危动物一样，但我们对植物不是特别重视。

刘天天：可能是因为植物太多了。

刘老师：多吗？

雷老师：与动物相比，植物的种类是多些。

刘天天：可不可以说，亲缘关系很近的植物物种，灭绝一两个对整个生态系统的影响不大？

雷老师：在一个比较成熟的生态系统中，一两种植物的灭绝可能不会造成太大问题，当然这要看它们在生态系统中的地位，如果它们的灭绝会导致一些替代物种出现，问题就不会太大。但对于一个比较脆弱的生态系统来讲，问题就很大了。

刘老师：在一些生态脆弱的地区，植物种类还是很少的。

雷老师：生态脆弱地区比如沙漠，环境条件很恶劣，只有少数耐旱的植物才能生长。我国西北的荒漠中生长着一种叫胡杨的树，能够忍受干旱，对盐碱有极强的忍耐力，是我国西北地区重要的树种，能够阻挡流沙、保护农田，如果大量死去，这一地区的生态条件就会变得更加恶劣。

尊重生态规律

刘老师：与此相联系的是森林，它跟人的关系太密切了，可以满足人类木材的需求，还可以调节气候、保持水土、为野生动物提供栖息地等。但是由于人类经济发展的需要，砍伐森林非常严重。后来人类找到了一种补偿性的办法，开始人工植树造林，还有植树节，意愿、态度上是好的，但是背后既有科学上的问题，也涉及科学之外的问题。比如人工造林，从品种的单一性方面来说，这种生态系统非常脆弱，有很多问题。

刘天天：现在因为我们破坏了一些植物，所以需要以植树的方式去补偿。

雷老师：这种补偿是必要的，肯定比砍伐后荒弃要好。

刘天天：那植树不也是对它的干预吗？

雷老师：与之前的砍伐联系起来，这种干预是一种事后的补偿。之所以不能肯定这种做法，是因为植树造林本身会造成一些问题。究竟怎么个植法？想造什么林？植树造林的学问很大，首先要依据不同的区域环境选择适宜生长的树苗，树苗的成活率、不同树种之间的关系等，都需要很专业的考虑，不然就会造成更大的浪费。大家经常听到这样的说法，“月月植树不见树，年年造林不见林”，说的就是我们植树造林全然不考虑树木本身是否适合当地的环境。

刘老师： 好像现在已经有这种说法，就是人工造林不应该只种单一的树种，应该模拟自然生态状况，造多种类林而不仅仅是种树。

雷老师： 这很有道理。前面我们也谈到过，单一物种的生态系统是比较脆弱的，现在的人工造林往往造成的就是一个单一物种的生态系统。比如，我们喜欢种植马尾松一类的植物，它各方面条件都比较好，但是大量种植这样单一的树种会导致松毛虫这类病虫害的迅速蔓延，最终马尾松会成片死掉。我国著名的三北防护林由于品种单一，已经退化得很厉害，现在国家林业和草原局正在做调整。

刘老师： 总的来说，我们造林应该有一种意识，合理的造林比不造好。你造了林可以产生木材，就减少了对天然林的砍伐。但是造林应尽可能地符合生态规律。我们也不要迷信这样的方法，能够彻底解决问题的最好办法就是少砍。

雷老师： 现在我们对植物，尤其对树木的认识应该有一个转变，就是不能只看它的经济价值。过去我们只是把树木当成木材来看，现在我们需要更全面地认识树木的价值。印度有一位学者专门对一棵50年的杉树的价值进行了测算，结果居然达到20万美元。如果只是从经济价值来估算，大概不到200美元。当我们把经济价值之外的生态价值也计算在内，如涵养水分、调节气候、制造氧气等，一棵树的价值是很高的。这就是为什么不能随意砍伐热带雨林，它是地球的肺。

由此可见，当我们从树木经济价值拓展到对总体价值综合考虑，就会更多地按照生态规律行事。这也体现了我们对植物的尊重，它实际是我们伦理观念的一个转变。

刘老师：这里还有一点需要补充说明。就目前科学的发展来说，我们对于植物或整个生物世界的认识还是非常有限的。按照科学方式、遵循自然规律行事，是指就我们所了解的部分而言，但是实际上我们还有更多不了解的部分。对于不了解的部分，至少我们可以按照一种伦理的理念，以一种对生命价值和自然的尊重来处理它。用这样的标准来处理我们和植物的关系，至少在原则上会使我们的行为更加合理。只强调运用十分有限的科学知识还不足以很好地解决未知部分的问题。

07

第七日

生态系统、资源与荒野

天然的生态系统才是健全的？

刘老师：今天我们讨论生态伦理学是怎样看待自然生态系统的。在讨论伦理问题之前，我们先来聊聊什么是生态系统。

雷老师：生态系统原本是生态学中的一个重要概念，指的是在一定的空间范围内，生物和自然环境通过物质循环和能量流动建立起来的具有自我调节能力的一个功能单位。在自然界一定空间内存在生物和非生物两种成分，这两种成分能互相作用达到某种功能上的稳定，这个整体就是一个生态系统。在我们居住的这个地球上有许多大大小小的生态系统，大至地球生物圈、海洋、陆地、森林、草原、湖泊，小到一个土堆甚至一个人，都可以是一个生态系统。

刘老师：有了这样的概念，我们就能看到一些没有这个概念所看不到的东西了吧？

雷老师：我们前面讲到对动物生命的伦理关怀时，提到过把鸟兽关到笼子里的做法是违背动物伦理原则的。

刘老师：如果我把一两只鸟抓来关在笼子里，再弄点花花草草之类的东西，也可以给它构成一个生态系统啊！

雷老师：可以构成一个生态系统不假，但对鸟来讲这不是一个好的、适合它的生态系统，它需要的是一个健全的生态系统。

刘老师：这里是否隐藏着一个含义，只有自然的生态系统才是健全的？

雷老师：也不一定。自然生态系统通常是健全的，但并不意味着非自然的生态系统就不健全。如果我们从演替的角度看它，生态系统的状况是不断变化的，变化由很多因素决定，既可以有自然因素，也可以有人为因素。比如，一场大雨或者一场洪水使大片地区被淹没，从而把陆地生态变成了水生态；人们通过开荒种地把一个自然生态系统变成了人工生态系统。如果人类的作用使这个生态系统发生了变化，但变化是可逆的，也就是说它以后还可以恢复成原来的样子，那么，这种影响对这个系统来讲就不是致命的。有时候人的适当作用也有助于生态系统的健康，如在生态脆弱的西部地区种草或引入水源。

刘老师：我们怎么定义健康或不健康？

雷老师：健康或不健康不是从人的眼光来看，而是从自然角度来看的。生态系统有自己的演化方式，如果我们打破了原来的演化模式，使它向相反的方向或者背离它原来的趋势发展，在大多数情况下是不健康的。

生态系统是否属于道德关怀的范围？

刘老师：这样建立一个科学概念来理解自然界多种生命构成的一个系统，跟我们讲的生态伦理有什么关系呢？

雷老师：我们前面讲的对动植物讲伦理，目的是要让它们按照自己的方式生活。我们怎样才能知道什么环境对它们是好的呢？这就需要科学的帮助。借助科学知识，我们对动植物的生活有了更多了解，知道怎样做不会影响它们的正常生活。比如老虎，你给它再大的地方，如果全是水泥地面，活动仍然不方便，因为水泥地面对它而言是一种不自然的存在。在城市里生活的马、驴、骡子之类的牲畜，在马路上走是非常不适应的，为了解决这一问题，我们就要给马、骡子打个脚掌。

刘老师：人穿鞋子也是一样的道理啊！

雷老师：是这个道理，但做法却完全不同。

刘老师：人在自然状态下也是不穿鞋的。我们穿了鞋就像马打了掌，也是一个外加的东西吧？

雷老师：跟你讲的情况有点类似，但是对动物来讲绝对是不自然的。人的脚没有形成像指甲壳一样很坚硬、很厚的角质层，要使自己的脚减少磨损，就肯定要穿鞋。动物的情形有些不同，在自然状况下，它们生活的环境中的地面大多是比较松软的，像狮子这类食肉动物就没有食草动物那种坚硬的蹄，它们在坚硬的水泥地面上，脚肯定会有损伤。

刘老师：那么，生态系统和生态伦理是什么关系呢？

雷老师：我们认为保护生命是合乎生命伦理规范的，但是保护那些没有生命的东西，如动物的栖息地，有什么合理的理由呢？大家通常会说，保护栖息地就是保护动物的正常生活，或者说保护生态系统就是保护我们自己，这样的理由还不足以让我们有意识地保护自然生态系统。从现有的伦理层面我们根本推不出保护生态环境的理由。在我们看来，生态环境就是一个区域，是死的东西，比如一条河流，我们有什么理由去保护它？更不用说我们对它们有什么责任和义务。现在，生态伦理学试图把生态系统也纳入道德关怀的范围，要求明确我们对整个生态系统的责任和义务。因此，生态伦理学是新的伦理学，而不是传统伦理学的简单应用。

刘老师：这里有一个问题，虽然这些对象是栖息地，如山川河流之类没有生命的东西，但它和有生命的东西有间接的关联，它是有生命的东西依赖的地方。这种间接的关系，伦理学不考虑吗？

雷老师：传统伦理学并没有考虑这样的关系，它认为你只需要考虑动物本身就可以兼顾对栖息地的保护。比如要使一只鸟自由自在，显然不能关在笼子里，只能让它生活在最适合它生存的地方，丛林就是最适合它生存的地方，是鸟的栖息地。

刘老师：对人而言，保护环境就是保护我们生存的地方，环境保护观念中就有类似的说法。

雷老师：是有这种观念，但是不同的伦理观对保护环境的理解是不一样的。比如从最基本的伦理角度来讲，保护环境是保护人生存的环境，但有时候保护环境并不完全是保护人存在的环境，因为在这个地球上还生存着其他物种，还要保护其他物种的生存环境。从生态系统角度看，很多生物之间是有关联的。比如，你和秃鹫是什么关系？秃鹫是吃那些腐烂尸体的动物，长得很难看，电影中秃鹫的出现往往是不祥之兆。可是如果我们用生态的观点来看的话，就会发现，秃鹫是生态系统中不可缺少的一个物种。秃鹫能很快处理掉动物尸体，保持自然环境的清洁，至少可以防止瘟疫的产生和扩散。

刘老师：这个说法还是把它跟人联系起来了。

雷老师：我只是拿人做类比。瘟疫不仅会影响人，更重要的是会影响其他动物。所以从生态系统的角度来看，即便像秃鹫这类看似跟人类没有多大关系的物种，如果把它看成生态系统中的一个部分，你会发现它的存在非常重要。它的数量减少或灭绝可能会对其他动物和人类产生不利影响。从这个意义上来讲，我们就要保护它。

生态伦理中的整体主义

刘老师：假设在离我们很遥远的海洋深处的某种小动物，它跟人类几乎无关或者只有极其间接的关系，以至于可以忽略，我们为什么要保护离我们这么遥远的东西？这个在伦理学上应该如何辩护？

雷老师：其实有各种辩护方式，只是观念不同理解会有差异。现在有各种证据支持我们保护自然环境，这个自然环境就是生态系统。前面讲到了，不管是什么物种，无论跟人类有没有关系，只要它是一个活着的生命，我们都应该给予它必要的关怀。关怀生命、尊重生命是基本的伦理原则。

刘天天：按照这个说法，蟑螂我们也要保护。

雷老师：对，确实是这样的。如果从尊重生命或对所有生命要给予相应的道德关怀的角度，蟑螂是应该受保护的。

刘天天：那比如我们收拾屋子，把蟑螂赶出了我们的家，和我们破坏了一个湿地，把鸟都赶了出去，在伦理上犯的错误是一样的?

雷老师：个体主义伦理学认为两种行为性质是一样的。个体主义伦理学是从传统伦理学原则上推演出来的，只要你承认生命的生存权利，就必然是这样的结果。打死一只蟑螂是毁灭生命，杀死一只丹顶鹤之类的珍稀鸟类也是毁灭生命，都是恶。但是，杀死一只蟑螂我们不会有罪恶感，而伤害了一只丹顶鹤就有惋惜、内疚甚至罪恶感，这就是我们前面讲到的有差别的平等。这里有一个价值评价序列，其中丹顶鹤的位置显然要比蟑螂高。

刘老师：讲到有差别的平等，是不是还有其他理论作支撑来讨论这个问题?

雷老师：从个体主义伦理学角度，我们没有办法很好地解释为什么可以打死蟑螂而不可以伤害丹顶鹤。由于个体主义没办法很好地处理这个问题，我们就必须为我们的行动找到更好的伦理学上的辩护。在这个基础上，人们提出要发展整体主义伦理思想。如果从整体主义立场出发，我们就会发现，生命是有差别的。

整体主义伦理学考虑问题的出发点不是个体的生命，而是群体、物种甚至更大的整体。我觉得这更符合我们今天对待所有生命的态度。比如你打死一只蟑螂，对蟑螂的物种并没有太大的影响，因为蟑螂繁殖很快，尤其是食物丰富并且没有天敌时，自然环境中不可能有这么好的条件。蟑螂目前的生存状态和泛滥成灾，是被置于了一个不自然的状态下的结果。无论怎么抑制它，根本不可能把这个物种消灭。

刘天天： 按照这个观点，能不能说，一个东西的价值体现在它的数量上，或者说跟数量有关？

雷老师： 你说的有一定的道理。数量反映了物种适应环境的能力，所以数量在一定程度上体现着该物种的价值。

刘天天： 照这么说，世界上的丹顶鹤肯定比人少，那杀一只丹顶鹤的罪恶比杀一个人的罪恶还要大？

雷老师： 如果把人类也作为生态系统中的一个物种

来看，我们的评价标准当然要从物种的稀有程度方面来考虑，那可以这样认为。但是，所有物种在考虑问题的时候，首先要维护自己的利益，人类也是这样。对整个生态系统中的物种，按价值来排序，人始终是处在第一位的。注意，这是就同等需要而言的，没有这个前提，这样的价值序列没有意义。因此，在生命问题上，人还是比丹顶鹤重要，尽管丹顶鹤属于濒危物种。我们可以用一个更典型的例子来说明这个问题，一条稀有的鳄鱼吃了人，我们仍然要杀死这只鳄鱼，把人的尸体找到。

刘天天：那这跟我们刚才说的，从数量上判断价值是不是矛盾啊？

雷老师：纯粹从物种数量的角度来看确实矛盾，但数量只是一个方面，当物种数量少到难以维持自身延续的时候，我们才会把它放到主要位置。我们都知道，对所有情况只用一个伦理标准做判断肯定是有缺陷的。在不同的场景中，我们要运用不同的伦理标准，在什么时候哪些标准应该优先考虑，我们要排序。

刘老师：你刚才提到了一个概念，任何物种都会把自身的利益放在优先的位置。但是，生态伦理学是人提出来的，这个先天的预设表明它不可能一视同仁地对待所有物种。在这个意义上，生态伦理学就具有了一种人类优先的特性。

雷老师：刚才讲到，人类的优先性一定是在他与其他生物有相同需要的前提下才可以使用。这是从生物的基本属性上提出来的。如果人像动物一样生活，那他考虑问题肯定要先满足自己的利益。我们之所以要给自己制定一个伦理框框，是因为人在自然界中处在一个强势的地位。这个时候，我们就要从整体和长远着想，目的是让自然界的各个部分都变得协调。对一个强大物种的行为做一些必要的限制是实现协调的基本保证。如果没有任何限制，完全按照生态法则，就可能会出现以强凌弱、弱肉强食的情况。

刘老师：伦理学，特别是生态伦理学，之所以有存在的必要，就在于它使人有别于动物，对自己的行为有约束，而不是完全地服从于纯粹的生态法则，是这个意思吧？

雷老师：对。人类要跟自然界中其他物种和谐相处，就应该放下架子，把自己放回到自然界中，放到与其他物种平等对话的位置才是。这意味着人要更多地变成一个生物学意义上的人。在生态伦理学中，一些彻底的生态主义者就是这样看问题的。

刘天天：我能不能这么理解，生态伦理的目的是让人以和动物平等为目的把自己从环境中拎出来，以便更好地看清楚人和动物、环境的关系？

雷老师：你的理解基本上是正确的。生态伦理的目的就是要明确人类对自然界及生物的责任和义务，建立起原则上平等的伦理关系。如何才能处理好这种关系？这就需要我们从两个不同角度去看。一方面，为了看问题更方便，我们需要把人和动物区分开来，但这种区分往往会带来一些观念上的变化，就是我们跟动物是有差别的，我们是认识的一方，而动物就成了我们认识的对象。这样看问题虽然容易看清楚，但也会失真。另一方面是从整体着眼，把人放到自然生态系统中，看人与其他生物是怎样的关系，这样反映出来的人与自然的关系可能更真实，但由于自然生态系统中各种要素相互作用的复杂性，依靠我们现在的能力还不能很好地把握。

刘天天：就是说这只是一种手段，但不是目的。

雷毅：有时候手段是可以影响目的的，尤其是反复使用变得习以为常的手段，它会影响人们的观念，最终会对最初的目的做一些修正。

刘天天：现在整体主义试图告诉大家，我们区分人和动物，仅仅是我们理解人和动物关系的一种手段。

雷老师：对，只是一种手段，但问题是现在人们往往把手段当成了目的，觉得本来就应该这样。我们在处理人和自然关系的时候出现了很多误区，人类中心主义的观念就是误区之一。试图矫正这种观念的就是整体主义的伦理思想。它倡导人与生物的平等，比如利奥波德的大地伦理思想，就要求把人看成是大地共同体中的普通一员，是自然生态系统中的一个普通公民。有人批评他的观点，说他把人在自然界中的地位降低了，是在要求人像动物那样生存。其实，他说这话，不是要把人的地位降到和其他物种完全平等，使人跟动物一样，他只是想表明人作为一个强势物种，要认识到自己在这个生态系统中的责任而不是特殊的权力，不能把自己凌驾于其他物种之上。

刘天天：他这种说法和生态学中第几级消费者的说法矛盾吗？

雷老师：其实是不矛盾的。当你觉得矛盾的时候，表明你已经在用价值等级的观念来看待了。其实生态系统内部并没有食物链等级越高地位就越高的说法，这是人为的划分，只是为了便于理解，并不是真实的状况。为什么利奥波德的说法与生态规律不矛盾？我们可以从生态学中的营养结构来看。在食物营养金字塔结构中，人处在金字塔的上端，甚至是顶部，从食物构成来讲，维持整个生态系统健康运行的是处在较低位的生物，处在最底部的生物对于生态系统的重要性最大。这个结果说明了什么？它正好颠覆了我们过去的价值观念。过去我们一直认为人是最重要的，需要保护的往往也是一些高等动物如老虎、熊猫，很少去考虑那些无脊椎动物甚至微生物。可事实上，处在低位的动植物往往对生态系统的贡献更大，因为它们是食物的来源和基础。所以，生态学的规律和研究结果有助于我们很好地认清楚人和生态系统中其他物种之间的关系。

智者考虑共赢

刘老师： 当我们面对这些争议的时候，我们的谈话好像一直在不同的观点之间徘徊。学者可以做学理的争论，但是一般人关注更多的是实践问题。在实践中，面对这些争论，我们究竟应该采取哪种立场呢？

雷老师： 我觉得在处理人与自然关系的时候，运用整体主义的思维方式可能更好一些，这样考虑问题会更全面。

刘天天： 整体主义是按照生态学规律提出来的，那么人们为什么一定要按生态学规律行动呢？这样做对人合适吗？

雷老师： 首先我们要再确定一点，按照生态学的规律生存是我们能够持续存在的基础，因为人无论怎么发展都需要生态系统的支持。但是，现在人类的生存方式已经不完全是自然的了，而是文化、技术的生存方式。人类拥有了技术以后，便不再完全受自然法则的制约。随着技术手段越来越高明，自然法则对人类的制约程度将会越来越弱。所以，人类在自然系统当中已经变成了一个很特殊的物种，这个物种甚至可以作为调控者出现。一个生态系统的健康发展，一定要有食物的制造者，我们称之为生产者，还要有消费者和分解者，这样自然界中的物质才能循环，能量才能流动，才能把生态系统推向一个更完善的发展方向。人原本只是一个消费者，但现在人运用他的智力，在自然界中的地位已经开始变化了。

我们知道，无论是生产者、消费者还是分解者，它们都会改变自己的生存环境，但能力非常有限，改变的仅仅是生活栖息地，我们通常称为小生境。但是人不一样，现代人改变环境的能力非常强大，他改变的是全球的生态环境，比如现在二氧化碳的排放，完全改变了整

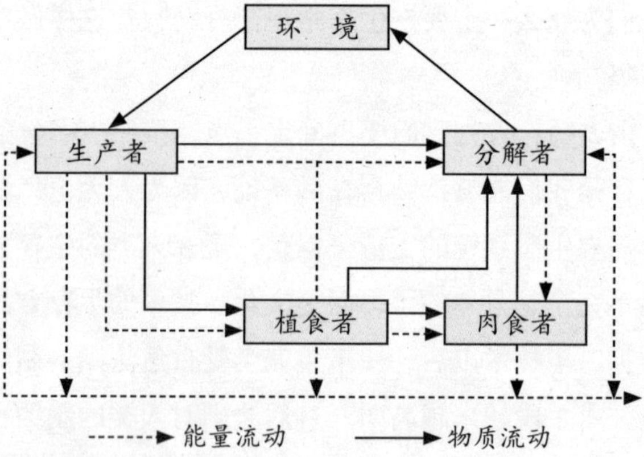

◎ 生态系统的能量与物质流动

个地球的生态系统。这时，人对生态系统起到了一定的控制作用，实际扮演的是调控者的角色。所以，人既是消费者又是调控者，权力就很大了，整个地球生态循环过程由人来掌控。

我们知道，在体育比赛中，如果一个人既当裁判员又当运动员，就很可能出现不公正的现象。现在，人在地球生态系统中的角色也与这类似，如果人在制定规则的时候完全有利于自己，不利于其他物种，那么最终的结果肯定是很糟糕的。你老是赢，人家老是输，最后就没有人跟你玩了，这个游戏就进行不下去了。

刘老师：这就是所谓近期和远期的利益。

雷老师：对，一个明智的人会制定出既对人类有利，又尽量对其他物种有利的规则，人们现在把这样的做法称作双赢或者多赢。只有以双赢或者多赢的方式，自然界与人类才能协同发展。我们现在讨论的所有伦理问题都是基于这一点。人类的理智思维主要表现在思考问题具有前瞻性，能尽可能避免未来可能发生的对人类具有毁灭性的事件。当然也有不明智的“我死后哪怕洪水滔天”的想法，这是极端自私的。还有人说，未来掌握在我们自己手里，如果我们都不再生育，都像丁克家族一样没有后代，那么，地球资源完全够我们这一代用了。我想，一个物种做出这样的选择一定是很愚蠢的。连一些结构简单的生物都知道，延续自己这个物种是绝对重要也是绝对好的事情。

生态伦理是人类的自我反思

刘老师：这里有一个非常有意思的现象，其他物种是通过本能使自己的种群延续下去，而人好像有一些另外的特点，就像我们刚才讨论的，人经常采取不符合规律的方式行事。人类有了这样的能力，总想制定可以在短期内获取更多直接利益的规则。我们今天的讨论恰恰是要用生态伦理学去纠正这个错误。

雷老师： 人既然是一个理性的物种，做出来的决定和行为应该比其他动物更合理。但同时人类很年轻，并且拥有了现代技术，这就如同一个年轻气盛的人常常很冲动、莽撞，在这种情况下，一些急功近利的做法很容易损害自己的长远利益。就目前情况来看，相对于大自然，人类的智慧其实是相当粗浅的，人类还是早上八九点钟的太阳，对问题的认识还不够成熟。我们可以从生物的发展史角度看待这个问题。人在整个生物演化序列当中是来得最晚的，人在这么短的时间里确实经历了很大的变化，人类要很好地适应这种变化，确实需要一些特殊的技能，但是人类在快速适应的过程中还来不及更多地思考这些问题。动物的生存智慧是在漫长的经验积累中形成的，虽然很多方面不如人类，但它们更像是在用成年人的方式思考问题，因为稍不留神就可能导致物种灭绝。

刘老师： 因为那些物种是天然地或是无意识地在遵循自然规律行事，采取的所有方式是有利于它这个族群延续的。但是人类呢，通俗地说就是在那儿使劲“作”，“作”得让这个事情变得不利于自己的种群。

雷老师： 可以从各个角度来说明，人确实是一个有智慧的物种，但有智慧并不意味着能够很好地运用智慧。人们常说，有知识的愚蠢比无知的愚蠢更可怕。如果我们对自然界的认识只是一知半解，凭着有限的知识就以为可以像主人一样随意改变自然环境，那肯定要出问题。至少人类目前所拥有的智慧还不能把自然界那么复杂的东西看得清清楚楚，所以在处理问题的时候，就应该谦逊一些。比如看到山川河流，不能认为这就是我们要利用的资源，应该看到资源以外更重要的价值。当然，人类随着得到的教训越来越多，学到的东西也会越来越多。这种学习还包括向其他生物学习。其他生物历史都比人类长，它们的生存技巧是从祖先那里一点点继承来的。在跟自然界打交道的过程中，它们往往会用特殊的方式与自然环境相协调。别的不用多讲，像昆虫演化出复眼就是智慧的体现。所以，我们不要觉得自己是最有智慧的，其实不见得。

刘老师：这是一个很好的例子。人在短时间内发展出科学技术这样一种控制自然的力量，就非常狂妄地以为自己已经把握住了一切，但又没能把自然界的一些规律性的东西真正把握好，带来的后果会更加严重。经常有所谓的无知无畏的人，无知无畏并不是说这人一点知识都没有，可能真正完全无知的人也不会那么无畏，一知半解、似懂非懂状态下的无知可能是最无畏、最狂妄的。

雷老师：这才是最可怕的。在生态伦理学中，讨论得比较多的就是核灾难问题，这是目前人类运用控制力量时最需要谨慎考虑的一个案例。因为我们都知道，现在人类拥有的核力量足以把地球摧毁掉。

刘老师：摧毁掉若干次！

雷老师：很有意思的是，无论是铀弹还是钚弹，瞬间释放的能量确实有很大的破坏性，破坏了环境可以重建，可是带来的辐射还会残留很长时间。人类现在没有发展出一种技术能把这种辐射很快地消除掉，所以可以看出，现在的技术在发明之初往往不会考虑得很长远，技术本身往往有缺陷。这就是为什么环境主义者讲，技术在解决一个问题的同时又会带来新的问题。所以技术要不断地发展下去，因为它在不断产生问题，就要不断地解决问题。

刘天天：如果我们现在停止对技术的开发，是不是就不会产生问题了？

雷老师：不是，现在由技术引发的问题太多了，最终还得靠技术来解决；另一方面，人类已经依赖上了现代技术，这会迫使他沿着这条路一直走下去。

刘老师：有些东西是人类可以自觉做到的，但是有些东西，已经不是个人能够解决的问题了。因为人类社会还有一个特殊性，就是它有结构、有组织，不是单个人可以彻底解决的。

刚才我们说的这些好像都涉及一些很可怕的事情，甚至会导致人类的灭亡。我们关心生态伦理的意义就在于它给我们提供了一种可能性和基础，就是要纠正人类非常容易犯的那些错误，是一种反思性的自我纠正的理论。由于这一理论跟人类很多近期利益有冲突，跟人类的某些天性有矛盾，所以接受起来可能还有困难。

雷老师：这恰恰是人性的弱点。大家知道，伦理学属于哲学的范畴。哲学家苏格拉底说过，哲学家应该是社会的医生。哲学家要为社会把脉治病，对社会的问题给出一个医治的良方。生态伦理学正是按照这样一个要求在做的。生态伦理学家把我们现在的观念和行为可能产生的长远后果告诉大家,让大家有一个前瞻性的考虑。更重要的是让大家警觉起来，反省自己的行为，自觉地控制不理智的行为。

刘老师：按照这种说法，生态伦理学的研究是非常重要的了。

雷老师：应该是这样。尽管有些内容我们现在还不能接受，但忠言逆耳利于行。

自然保护和资源保护之争

刘天天：我问一个问题，生态系统应该可以分成自然生态系统和人工生态系统吧？

雷老师：对，生态学的研究中确实有自然生态系统和人工生态系统之分。

刘天天：我们对自然生态系统已经说了很多，对于人工生态系统，该怎样保护呢？

雷老师：人工生态系统纯粹是按照人的意志由人自己做出来的，基本上是为人的利益服务的，所以我们很少涉及。在这个系统中，人和其他物种的利益冲突远不如自然生态系统强。

刘天天：比如我们种了一片麦子，麦子地里出现了老鼠和虫子。

雷老师：麦田并不是人工生态系统，它本质上仍然属于自然生态系统，但在这个系统之中加入了很多人为的因素，所以这类生态系统又与纯粹的自然生态系统不同。

刘老师：我们想想有没有极端的情况，比如养了一盆金鱼，或者在实验室里进行无土栽培，在理论意义上，这些应该是人工生态系统吧？

雷老师： 人工生态系统是完全按照人的意志塑造出来的，像城市、小区、办公楼等。在纯粹的自然生态系统和完全的人工生态系统之间有各种不同的类型，像金鱼池或城市公园，我们可以称之为人化的自然生态系统。而实验室中打造的系统，我们可以把它看成半人工半自然的生态系统，因为在这个系统中还涉及其他物种。生态伦理学更多的是考虑自然生态系统，因为自然生态系统涉及众多物种的利益。刚才谈到的麦子是很典型的例子。我们知道，按照生态学规律，物种多样性跟生态系统的健康有很大关系，这就是为什么我们要保护生物多样性。保护生物多样性的益处有很多，从为人类利用的角度来看，生物类型越多，人类可以利用的潜在资源就越多；从生态学角度来看，保护生物的多样性，既有利于那些被保护的物种，也维持了自然生态系统的健康。当然，这两个角度都有道理，但确实是有冲突的。西方历史上一直存在着两种观点的争论，就是自然保护和资源保护的争论。

刘老师： 你能再具体解释一下吗？

雷老师： 由于生成发展的需要，我们经常把自然当成一个资源宝库来看待，山川河流都是自然资源。这种观点是人类按照经济学的观点建立起来的。但是，如果把自然界当成一个资源场所来理解，那么自然界里的所有东西都是可以被利用的，包括动植物。当然，还有一个滥用与合理利用的问题。环境保护中的资源保护就是这样一种观念：我们应该用科学的方法管理自然资源，明智地利用自然资源，这样就能使自然资源持久地为人类服务。反对资源滥用当然是一件好事，但是经济发展到今天，仅仅把自然界看成一个经济系统是非常糟糕的事情。比如一棵树的价值，在非自然保护论者眼里，这棵树可以变成椅子，可以用金钱来衡量，这是把树的价值简化了。我们都知道，树能提供的价值远不止这些。因此，自然保护论者更强调树的多种价值而不仅仅是经济价值，要进行价值的综合评估。通过这种综合的价值评估，我们就能合理地看待这棵树了。这些都说明，我们不能只从经济角度来看待自然界里的这些存在，而应该从多重视角去理解自然界，这是自然保护主义者保护自然的重要原因。他们从审美的维度去认识自然，倡导为了自然自身去保护，而不是因为自然界跟我们关系密切才保护。在他们看来，即使自然界之物跟人类没有关系，我们也应该保护它，比如在一片原始森林里的一朵花正开着，只要它开着就是有意义的，它不为我们人类开花，而是为了它自己，这同样很美，一样有价值。

效率与公正之争

刘老师：我一直有一个观点，也许是偏见吧。经济学中好像有这么一个说法，人总是在追求利润的最大化。经济学和生态伦理，特别是和比较前沿的新的生态伦理是不是有一些内在的冲突？

雷老师：对。

刘老师：而且呢，这种矛盾人们也在试图缓解，比如发展生态经济，不过是不是也很难从根本上化解这种矛盾？

雷老师：经济学的核心思想是如何提高资源的开发利用或是投入产出效率，而伦理学的核心思想是如何保证社会的公平公正。在正常情况下，效率与公平是一对矛盾。举一个简单的例子，要提高产出效率就要尽可能地降低成本，包括劳动力成本，而社会的公平公正却要求人人有工作的权利，也就是要充分就业。要提高效率就会影响社会公正。

刘老师：刚才你讲的资源，比如我们知道美国的人均能源消耗量始终是非常高的，如果按照伦理学的公平原则，其他不发达国家的民众也按照同样的消耗量生活，我们的地球就无法承受了。

雷老师：确实是这样，这就是现在受到广泛重视的国际公正问题，生态伦理学很关注这方面。真正的生态伦理学家就像整体主义者们那样，强烈反对发达国家对自然资源的消耗。他们强烈反对现在的工业化发展模式，认为这是以大量消耗地球资源为代价的。

刘老师：这种对公正的追求有两种方式，一种是人家花钱花得多了，资源消耗多了，我们也跟着多消耗；另一种是认为他们多消耗本身就是不对的，是应该被遏制的。

雷老师：前者是一种对公正的肤浅的理解，它以为大家消耗的资源一样多就公平了，这仅仅考虑当代人的公正，难道就不管给子孙留下的是一个怎样的地球了吗？除了同代人中的公正，还有不同代之间的公正。不过，我们谈论的所有问题都是建立在这样一个前提下，就是地球能不能承受这样的资源消耗速度。为什么我们要讲可持续发展，就是考虑到这个问题。

环境保护和社会发展之争

刘老师：保护区的问题跟我们今天讨论的生态系统

有关。自然保护区的设立是人类保护生态的一个重要手段。从生态系统和生态伦理的角度，我们应该怎么看呢？

雷老师：我们先从一个大的生态系统来展开这个话题。可以把地球看作一个生态系统，各个部分如高山陆地、海洋河流、动植物还有人都成了地球生态系统的一部分，而每一部分对地球生态系统都会产生影响。我们通常以为南极离我们很远，南极的事情与我们无关，其实这是错误的，生态系统中的所有事物都是相互关联的。用一种联系的、整体的观点去看待自然保护区，就容易理解了。自然保护区虽然远离人类居住的城市和村镇，但它仍然能够影响我们的生活，尽管这种影响是间接的。

建立自然保护区就是为动植物提供一个适合它们的自然环境，使这些生物按照它们的天性去生活。我们姑且不论非人类中心主义的保护生命纯粹是为了生物自身的观点，就是从人类中心主义者立场或者从传统的伦理学角度来讲，自然保护区的设立对人类也是有好处的，而且好处很多。至少有这样一个保护区，生物多样性就会有保证，就为人类提供了更多可以利用的潜在资源。前面讲到的美国黄石公园的旅游开发形成了一个良性循环，就是一个很好的例子。所以，无论从道德立场还是从功利立场来看，设立自然保护区都是非常必要的。

刘老师： 这里还是有问题的。人们常说，保护区的“保护”会使当地经济和人民生活发生变化，当地的居民就不可以随心所欲地对这个地方进行开发利用了。在有这种冲突的时候，我们怎么看待这个问题呢？还有一个同样非常重要的话题，当人们最基本的生存需求跟环境的保护和发展有了矛盾的时候，我们应该怎么办呢？

雷老师： 这是一个非常现实的问题，也是生态伦理学非常关注的问题。大家知道亚马孙河流域是世界上最大的热带雨林，其生态价值实在是太大了。联合国在巴西开“环境与发展”大会，就跟这个热带雨林有关。当地的居民要生存发展，就必然要开荒种地，而且亚马孙河流域的土地相当肥沃。但热带雨林被开发以后，对世界环境的影响是很大的，因为它能调节气候，提供氧气。一些欧美国家极力反对巴西政府开发亚马孙河流域，可是在巴西人看来，开发亚马孙河流域是很正常的事情，因为这是自己国家的资源，我怎么处理自己的资源是我的内政，外人不能干涉。可是欧美国家认为，热带雨林是全世界共同拥有的财富，只是在行政区上划分到你们国家去了，但是它所产生的价值是服务于全人类的。这里就出现了你所说的冲突，是要保护这块林地，使全人类更好地享受它带来的利益，还是加以开发以改善当地居民的生活水平。我们通常认为造福全人类更好，可是当地人要为这个造福行动做出牺牲，这样公平吗？

刘天天： 有点像火车和小孩的问题了。

雷老师： 非常类似，不同的是这个行为是可以避免的。我们可以采取一个比较适中的办法，就是谁受益谁付费。一些受益的国家和地区应该拿出它们收入的一部分来补偿当地居民因为没有开发这块森林所带来的生活上的不便，这样就很好地缓解了这个问题。但是，国际上解决这个矛盾的难度非常大。

◎ 亚马孙热带雨林

我们知道，亚马孙河被称为“地球之肺”，主要是因为热带雨林的造氧功能。氧是很活跃的元素，地球上很多东西需要氧，所以氧在地球上的消耗很快。美国人对上面的解决方式就有不同看法，他们觉得受益的问题不能像生态伦理学家们所讲的那样来理解，如果不用它，它也是这样，就像河中的水，不用它也就流掉了。他们觉得这跟必须要用到这种产品是两回事儿。所以，他们觉得给予补偿不是义务，而是关怀，是在做慈善，就如同我们常说的“给你是我的境界，不给你是我的本分”。

刘天天：就跟施舍似的。

雷老师：说得不好听一点儿就是施舍。为了保护森林，你做出了牺牲，我动了恻隐之心，给你一些补偿，但这不是我的义务。

自然保护区的精神价值

刘老师：我觉得自然保护区的问题还不止这些。

雷老师：现实一点来看，自然保护区的设立不只是为了保护生物多样性，在很大程度上对人类也有好处，因为人的文化生活离不开自然保护区。自然保护区是人很少涉足的地方，常常被称为荒野。荒野的自然景观常常是迷人的。世界各个地区不同的生态环境造就出各种独特的自然景观。无论是为了性情的陶冶，还是为了休闲，它们的存在对人类都是有好处的。前面已经讲过，随着社会的发展，人类精神需求占的比重会越来越大。精神的需求是离不开自然保护区这样的地方的。西方人的生活水平比我们高，因此他们越来越重视自然保护区即荒野对人的价值。

了解并顺应生态过程

刘老师： 这么说来，对自然生态系统的保护就变得非常重要了，对生物、对人类都很重要。可是生态系统是动态变化的，尽管有些变化很缓慢，我们怎么样来理解这样一个过程？

雷老师： 保护生态系统有一项很重要的内容，就是保护生态过程。

刘天天： 什么叫生态过程？

雷老师： 任何一个生态系统都有它演化的路径，都有从简单到复杂，最后达到顶级状态的过程，我们把这个过程称之为生态过程。比如，一块农田被撂荒地以后就会长杂草，各种各样的小虫子就会过来。随着时间的推移，杂草越来越多，如果雨水丰沛，小灌木也会出现，慢慢地，小动物也会出现在这块地里，然后是小树苗……经过若干年以后，如果没有人干涉，就会长出各种各样的乔木来，最后就会长成一片枝叶茂密的林子。如果区域足够大，它就会向森林这个方向演化。我们所谓的原始森林或热带雨林，最初都是通过这样一个过程慢慢演化过来的。我们把这样一个从最初的撂荒地到最终演变成一个生物多样性很丰富的顶级群落的过程叫作生态过程。在这个过程中，一切都是按照生态学的法则自然演变的。

刘老师：生态过程对我们实际生活有什么意义？

雷老师：只有了解了生态过程，才能够全面、深刻地理解生态系统。因为生态系统是动态的，我们对生态系统的理解也应该是动态的，这可能会打破一个认识误区：我们不是一点都不能干扰自然生态系统，而是先要对该生态系统的生态过程有清楚的了解，在顺应这样一个发展过程的前提下做出相关计划。这样既可以达到我们想要的目的，又不至于影响这个生态系统的正常运行。

刘老师：这个生态过程跟我们要谈的生态伦理有什么关系？

雷老师：生态系统的健康与否取决于生态过程演化

的状况。在这个意义上，生态系统只是外部的表现形态，支持它的却是生态过程。保护自然生态系统实际上是要保护自然生态过程。阻隔了生态过程，自然就不可能按照既定的目标演化，这个生态系统就被破坏了。我们讲尊重生态过程，实际上就是为了让这个生态系统能够顺利或健康地演化，达到它既定的目的。

刘老师：这里有一个问题，为什么我们让它按照这个目标演变是最好的?

雷老师：这里有一个前提，就是自然生态系统的演化总是沿着最佳的路线，尽管系统演化本身涉及诸多因素，但它总能很好地协调各种因素。一位叫康芒纳的美国学者写过一本很有名的书叫《封闭的循环》，他总结了四条基本的生态法则，其中有一条叫“大自然最了解自己”（nature knows best），有人翻译成“大自然最有智慧”。如果人类对自然生态过程的复杂性没有清楚地了解，他的干预很可能会使自然生态系统的演化偏离原来的路线，甚至有可能出现各种人类意想不到的灾难性后果，这样的例子有很多。比如世界著名的阿斯旺大水坝。这个大坝本身就是人为干预的一个结果，造成了尼罗河下游河床萎缩，水面锐降，造成了一系列生态环境的恶化。尼罗河下游的土地变得贫瘠，下游生态受到很大的破坏，从而影响了下游的经济发展和人们的生活水平。尽管这个大坝带来了一些经济效益，但是综合评价，建阿斯旺大水坝并不是人类最好的选择。这是阻断河流生态演化的一个很典型的案例。

刘天天： 水坝造成的后果是这样，但可能某个地震之类的自然灾害也会造成同样的破坏。

雷老师： 说到地震，就需要从整个地球系统看问题。表面看地震有很强的破坏性，但它是地球必需的生理过程。如果地球没有地震、火山，没有造山运动，就不可能形成今天大家看到的样子，也就不可能有今天这样的生物多样性。所以我们要辩证地来看问题，地震对局部是破坏性的，但对地球整体是有好处的。我们再看河流，有时候我们会把河流看成有生命的东西，它有自己的生命周期，有自己类似生物的代谢过程。比如，在地壳结构发生变化或者自然因素发生改变之后，河流通常会改道，黄河就改道了好几次。河流系统总是会沿着对自己最有利的路线走，即使中间有东西阻隔了，水流会绕过，从别的途径继续向前，所以河流有它自身的运行规律。如果人们筑个坝改变河流的状态，河流肯定要做出反应。比如，黄河沙多水少，我们在黄河上游筑了坝，减缓了水的流速，泥沙就沉积下来，河床就逐渐抬高。我们修的三门峡水库之所以不能正常发挥作用，就是因为我们没有很好地理解河流的生态过程，这个后果不仅对人类经济活动造成影响，对黄河流域生态都会产生很大的影响，尤其是河口生态，河水减少了，海水会倒灌进来，土地就可能盐渍化，河口生态也会发生变化。我们肉眼能看到的生态环境仅是水面，水下的结构，水里的鱼、浮游生物以及水草都要受到影响。

刘老师：你刚才说人不是不可以对生态进行干预，潜台词是说，如果要干预，按照遵循生态规律的方式去干预，还是可以的。

雷老师：对，对于整体主义者而言，我们完全不应该干预它。这个不干预，实际上也是尊重自然生态过程的表现。但是在今天，完全不干预几乎是不可能的。因此，我的考虑是适度的干预，比如，为了经济能够比较好地发展，生态资源的利用是必需的，这就必然要干预自然。其实自然界里的其他动物也是这样呀，动物要在树上做个窝，它必然要折断树枝，我们不会把这看成是破坏。人作为生物也要从自然中取得他可以利用的东西。所以我说干预是需要的，是在这个意义上说的。另外，人类现在的能力过分强大，因此他一定要在充分了解自然生态过程的基础上，否则就可能酿成灾难。我比较倾向于道家学说里面所讲的“无为”式的干预，也就是顺应生态规律或生态过程。你不能逆着河流生态过程去截断它，这对生态过程演化是不利的。同时，对人最终所产生的结果可能也是不利的——也许短期有利，但是整体来看、长远来看肯定是弊大于利的。

刘天天：怎么做才是“无为”的呢？我们的应用跟它是不是矛盾的？

雷老师：在水利工程中，都江堰就是一个很好的例子。都江堰体现了人的干预，但它对当地的河流生态或流域没有产生什么不好的影响。古人那个时候都有这样的思想。如果我们运用现在的技术手段，再结合古人的智慧，完全可以做得比古人更好，只不过要真正做到这一点，可能人类付出的经济成本会高一些。但是，如果我们进行综合评估，收益肯定要比成本高很多。

◎ 都江堰水利

刘天天：都江堰涉及对水的能量的利

用吗？这种“无为”，就是我们干预的过程当中，要顺应河流运行的规律，要遵循自然规律？

雷老师： 都江堰是用人为的方式改变了水的流向。人为干预有各种各样的方式。“无为”不是说无所作为，而是一定要把里面的复杂关系弄清楚。人们以为道家讲“无为”很消极，其实不是，“无为”是一种很高的境界。大家都知道“庖丁解牛”的故事。那个庖丁手中的刀用了那么长时间却不用磨，仍然保持锋利，为什么呀？

刘天天： 因为用得是地方啊。

雷老师： 对呀，是因为他知道牛的身体构造，能够从关节的缝隙当中进去，这样既省力，也不损害刀，很顺利地达到了目的。这就是运用规律。

刘天天： 那我们现在的科学水平达到那种程度了吗？

雷老师： 尽管我们现代科技还没有达到完全弄清所有自然规律的水平，但如果综合运用现有的科学知识，完全可以做出比我们目前实际做的要更好的工程来。都江堰仅仅是一个水生态的例子，还有很多其他的生态类型，比如荒山，我们通过飞机播种造林，经过10年、20年，造出来的林木确实很漂亮，整整齐齐的，而且树木长得很茂密。但是，飞机造林实际上造出的是人工林，而不是纯自然的生态林。真正纯自然的生态林，应该是物种多样性很丰富的状态。你从山顶看去，山坡的各处应该是错落有致的不同树种。从生态的角度来看，多样性越丰富，抵御环境变化的能力就越强。我们现在的人工造林，一座山就是一个树种，一旦出现虫灾损，失就会很大。

开“荒”中的生态伦理问题

刘天天：野生的荒山，如果我们不去管它的话，在自然的作用下，它肯定会朝着一个比较完善的生态环境的方向发展，不会一直荒下去吧？

雷老师：关键是你看到的是什么样的“荒”。“荒”可能指土地越来越贫瘠，生物多样性越来越少；还有一种“荒”是与这相反的，没开发的山我们称为荒山，这个“荒”是指没有经济上的利用，是用经济价值度量的。从生态学角度来讲，荒山可能是生物多样性保存最好的地方，荒山其实有很高的生态价值。

刘天天：比如我让这个“荒”再特殊一点——如果是沙漠呢？

雷老师：沙漠是一种特殊的生态类型，有它自己的成因和运行规律。你可以想象，地球上如果没有沙漠，就又少了一种生态类型。不要以为沙漠就完全是不毛之地，沙漠中的生物多样性其实并不匮乏。

刘老师：人们有这样一个印象，沙漠对于人类来说没有什么直接利用价值。

雷老师：这是指对人类的工具性价值，并不意味着沙漠本身没有价值。

刘老师：这里有一个前提，我们说的是自然形成的那种沙漠，不是人为造成的荒漠。

雷老师：沙漠形成的主要因素是气候，比如干旱和风。例如有研究证据表明，世界最大的撒哈拉沙漠，一万年前曾经遍地是野草和矮灌木林。但后来夏季气温升高和缺少降雨，迫使活下来的物种向其他地区迁徙。因此，气候变化是主要原因。但是，人类不合理的活动会加剧土地的沙漠化，比如，不合理的开垦、过度放牧、开采都会造成土地的沙化，持续下去就很可能沙漠化了。

刘老师：刚才讲的这些内容基本上是按照生态科学的概念来理解的。现在我们不仅仅从生态科学的角度来看，比如荒野，传统上人们认为荒野没有价值，应该被改造，可是生态伦理学家又号召人们注意荒野的价值，这是在什么意义上来说的呢？

雷老师：生态伦理学家是要告诉大众，在理解“荒野”

的时候，我们应突破纯粹的经济学思维，更全面地认识荒野的各种价值，这样才能更客观、更真实地理解荒野。从人类起源的角度来看，荒野原本是人类的家，是人类的发源地，只不过今天人类进步了，才离开了荒野，开辟了城市乡镇。所以，如果我们了解自身，就该明白我们与荒野有一段割不断的历史。作为一个文明人，我们应该在荒野问题上保留一种谦卑的意识。保护现存的荒野不仅是保留我们原初的历史，荒野宏伟壮观的景色也为我们审美意识的培养提供了一个生动的场景，像美国的大峡谷、我国的三峡等。

刘天天：就是现在淹掉的那些地方。

雷老师：今天的三峡已经不是最初那个状态了，在李白那个时代是“两岸猿声啼不住”。美国生态伦理学家罗尔斯顿写过一本名叫《哲学走向荒野》的书。大家知道，哲学原本只关注人类社会，它并不关注自然，更不关注荒野。罗尔斯顿呼吁哲学家们关注荒野，把荒野拉入他们思考的视野当中去，这有很深刻的意义。罗尔斯顿列举了荒野的13类价值,经济价值只是其中的一类，荒野还有审美价值、科学研究的价值、文化象征的价值。

刘天天：具体象征什么?

刘老师：有的荒野本身就是非常重要的象征。

雷老师： 在美国的文化当中，荒野是极其重要的一部分。美国的历史就是一段拓荒的历史，他们的文化就是在拓荒过程中建立起来的，没有荒野，他们的文化就失去了根基，所以，他们比我们更重视荒野。

刘老师： 你看过西部片吧，西部牛仔，其实那里面有一个很重要的要素，他在农场里头啊。

雷老师： 对，西部牛仔是美国经济、文化乃至美国精神的象征。你要去寻求它的文化源头，就必须回到西部去。

刘老师： 后来发现没了，没有荒野了。

雷老师： 对啊，荒野的消失意味着我们在割断历史，意味着我们无法回忆过去，这是一件很可怕的事情。这就像一个人从他的出生地走到另一个地方，找不到回家的路了，或者说我长到这么大不知道自己是从哪里来的一样。这样说就能理解荒野的重要性了吧？

刘老师： 还有呢？

雷老师： 刚才讲到文化价值，还有消遣娱乐、陶冶性情等的精神价值，甚至还有宗教价值。

刘天天： 宗教价值？

雷老师： 印第安人是土生土长的美洲原住民，哥伦布发现美洲大陆误以为是到了东方的印度，所以把他们叫作印第安人。印第安文化和现代工业文明造就出来的文化是完全不一样的，他们的文化跟生存方式有很大关系。这些土著人就生活在我们今天所说的荒野中。那个时候整个美洲都是一片荒野。他们在那个区域生活，造就出与那种地域相适应的文化，是人类文化中很宝贵的一部分。不知你们有没有听说过印第安酋长的一段很著名的讲话，讲的是白人想买印第安人生活的那片土地，而印第安人已经把荒野看成了他们自身的一部分，这就是宗教或者说是精神的信念。类似的，一些原住民的文化都是这样来的，我们追溯文明源头的时候，就会更多地感受到这种精神性的东西。这说明了些什么呢？是他们原始，还是我们浅薄？总之，荒野的价值远比现代人理解或想象的要高得多。

刘老师：印第安人对荒野的理解反映了原住民对荒野的态度。但从现代人的视角来看，荒野作为一种典型的自然生态系统，它与我们又有什么直接联系呢？

雷老师：联系肯定是有的，可以从两个方面来看：一是经济角度，二是文化角度。从你提问题的方式可以看出你更多的是考虑经济上的直接联系。从经济方面来看，荒野虽然没有被开发，但可以作为人类潜在利用的区域。我们保留荒野实际上是保留了荒野里的生物多样性，这是一个很好的天然基因库，它的价值在短期内不太能显现，时间长了就会显现出来。因此，荒野现在的经济价值仅仅体现在旅游之类的有限方面，但它的潜在价值巨大。

如果不仅从经济利益看问题，那么，我们对荒野的印象就会是另一种情形。人是文化性生存的动物，他不仅要活着，而且还要活得有意义。就生活的意义而言，荒野对人类就是不可少的。经济越发展，物质生活水平越高，人就越重视生活质量，就越愿意到户外活动，愿意跟大自然亲近。大家现在去城市旅游的少了，去自然风景区的多了。这就很好地反映出人对荒野自然的需要。

刘老师：当然有人会说，城里人好像精神不是很正常，放着高楼大厦不好好享受，跑到这儿来干什么，我们天天看也没觉得怎么样。这里是不是也存在一个现象，就是经济发展水平不同导致了看问题的方式不同？

雷老师：确实是这样，社会存在决定社会意识，这是一个颠扑不破的真理。一般来说，人的生活水平和生活方式决定了他们的意识能达到的程度。一个整天为食物奔忙的人，不太会去考虑精神方面的需求。相反，一个人的物质需求被充分满足，那么自然会有更多的精神追求。如果农民达到城里人的物质生活水准，他会认同城里人的做法。因为人的全面发展，两种需要都是不可少的。

刘天天：您刚刚提到荒野开发的问题，从生态伦理的角度上，我们应该对荒野进行开发吗？

雷老师：这个问题有两派不同的意见。站在人类中心主义立场，开发是必然的，但要合理，或者叫明智地开发。比如穿越原始森林的高速路，就属于这类利用。这种利用对动物的活动和迁徙是有很大影响的。一条公路或铁路在那儿横着，随时有车过来，动物的穿越对它对人都很危险。怎么办呢？明智的做法就是修很多通道，尽管这样做对动物仍然不太方便，但总比阻隔了要好，这是一种补救。非人类中心主义考虑的不仅是人，还考虑到其他动植物，所以他们不同意开发，认为要为动植物留下一片完全属于它们自己的地方。

刘天天：也就是说，即使从生态伦理角度讲，如果站在人类中心角度的话，是可以有影响的，但是要把影响降到比较低的程度。

雷老师：既然以人类为中心，肯定是人的利益优先，凡对人有利的就可以做，只是在做的时候要尽量减少对环境的破坏。

刘天天：如果我们开发的话，就不可能对它们没有影响。

雷老师：是啊，这就看你的立场了。如果多考虑些动植物的利益，你或许就不会开发它了。早期的自然保护主义者就是这样做的，他们反对政府或公司开发荒野。美国有一个很有名的大峡谷叫约塞米蒂，政府要在峡谷的河段搞一个大型水利工程——赫奇赫奇水库，他们就跟政府打官司。看过约翰·缪尔的《我们的国家公园》这本书吗？

刘老师：美国有一些华人把这个公园的名字译为"优胜美地"。

雷老师：这帮人要做荒野的代言人，要替荒野打官司。

◎ 美国约塞米蒂（优胜美地）国家公园

刘老师：咱们这儿也有环境公益诉讼，与松花江的鲟鳇鱼有关。

雷老师：是啊。最有名的一件事就是大坝与小鱼之争了。美国政府要在田纳西河流域修一条大坝，可是在这片水域中有一种很小的鱼，只有三寸长，叫镖鲈鱼。如果修了水坝，这种鱼就不可能存在了，而它只生长在这里。最后民间组织为了这个物种跟政府打官司。很多人觉得不可思议，修水坝是要促进经济发展，改善人们的生活条件，这些小鱼不好吃，也没有其他用处，为什么我们还要保护它？可能你看过美国很著名的一本文学著作，叫《瓦尔登湖》，有多种中文版本。这是美国很有名的文学家亨利·梭罗写的。梭罗在瓦尔登湖畔独自生活了两年，他的邻居就是荒野和周围的动植物。他跟林子里的小动物交流，用心地倾听大自然的声音，最后他得出结论，说在荒野中有一个世界，这个世界既是动物和植物的世界，也是人类应该认识的世界。今天也有人提出来，一个地球，两个世界。一个是人类生活的世界，一个是荒野世界。荒野世界是所有生物自由自在地生活、充分展现自己的一个最佳场所。只要人进入荒野中去感受，最终都会改变对荒野的态度。

刘天天：如果说自然保护主义者的做法有些极端，

那么反过来看，人类中心主义是不是也有些极端？

雷老师：对，它们是生态伦理链条上的两头。

刘天天：按照伦理进化方式，我们能不能说自然保护主义者衡量事物的标准更高些？

雷老师：是的。

刘天天：它更进步？

雷老师：我想应该是的。也许用“更激进”合适一些。

刘老师：北京大学的法学教授贺卫方，就曾经为松花江鲟鳇鱼起诉中石油，引起了很大争议。有人认为他所代理的是一种野生动物，不具有法律地位，所以他在法理上不成立。

雷老师：我想贺卫方教授打这个官司的目的不在于输赢，而在于引起公众对动物利益的关注。中国的法律可能会因为越来越多这样的事件而不得不关注它。

刘老师：这也是促使法律进步的一种方式。

雷老师：对。

刘天天：有没有可能，有一天，有人起诉杀虫剂厂家，说杀虫剂厂家侵害了昆虫的法律地位，侵犯了它的生存权，应该受到惩罚？

雷老师：这种事情当然是有可能的，问题是我们应该怎么看待这类问题。如果我们的文明已经确认，并且法律上已经赋予了这些昆虫相关的法定权利，你确实可以起诉厂家。在还没有的时候，你起诉，大家就会认为这是一件很荒谬的事情。

刘老师：在理想情况下是存在这个可能性的。

雷老师：是的。

刘老师：存在可能性和可能性的实现可不是一回事儿。

刘天天：就是说，假设有一天法律规定不得无故伤害任何生命，就可以了。

雷老师：那一定是有前提的，就是当昆虫对我们没有产生影响的时候。我们之所以要消灭害虫，是因为这些害虫对我们有害，比如跟我们争夺粮食，侵害了我们的利益。当两者的冲突可以用别的方式化解的时候，什么都好说。可是当这个冲突不能解决的时候，伦理起的作用就很有限了。

刘老师：伦理这个东西不是强制性的，它不像法律一样告诉你必须怎么样，而是告诉你应该怎么样。

雷老师：是啊，有人说伦理是寻求一种优良道德的理论。优良道德是什么意思？就是多做好事，但人的道德不是天生就优良的。

08

第八日

宠物：该不该养

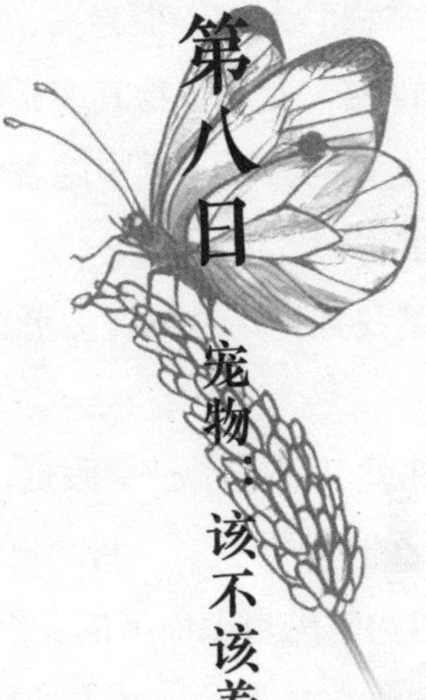

在“爱”的基础上对待宠物本就不可靠

刘老师：今天我们来谈谈宠物的问题。这既是一个在现实中普遍存在的问题，也是一个涉及伦理的问题。从根本上说，爱宠物的人内心很善良，但是凭善良做的事不一定得当。首先，人与宠物其实是不平等的，这里有一个支配与被支配的关系。其中隐含一个假定，就是智力高的可以支配智力低的。

刘天天：但是我觉得，总比智力低的支配智力高的要合理吧。

刘老师：那你就又引出了一个假定，世界上的东西都有支配和被支配的关系，支配意味着一种强行的权力，这种我们已经习以为常的自上而下的支配合理吗？

雷老师：宠物通常是为了满足人的精神和情感需要的动物。如果能对人类正常生活以实际帮助，无论对它是否有感情，我们都不会把这种动物叫宠物。像骑兵的马就是一个工具，时间长了，骑兵对它也会有感情，但并不会把这个工具性的动物当作宠物。对宠物的理解，最通俗地说，就是我们养着玩儿的动物。现在大多数人都有这样一种思维模式：要么做一个支配者，要么被人支配。“宠物”这个词实际上有这样一种隐含意思，一定是受人恩宠的动物。谁能做这个恩宠者？一定是强者。皇帝喜欢的大臣叫宠臣，大家就明白“宠”的意思了。

当然，人之所以宠爱动物，首先是喜欢，其次是从动物那里得到了相应的回报。当我们把动物当作宠物来看待的时候，是把那些宠物放在了一个弱势的地位上。听话的、有灵性的动物或很乖的动物我们才会喜欢，才有资格做宠物。如果一只狗或猫老是不听话，经常伤人或损坏财物，你还会宠它吗？肯定不会。在通常情况下，我们对动物的爱或者恩宠，实际上反映的是人对动物的支配心理。如果从人类中心主义的立场来考虑这件事，我们会觉得人本来就处在支配动物的位置，只需按照现有对待宠物的规则或条例去做就可以了。但是，如果从前面讲到的动物解放论者和动物权利论者的态度来看，我们这样做是对动物的歧视。把对待动物的行为建立在爱的基础上，这是很不牢固的。如果我喜欢你，我对你就有责任，如果哪一天我不喜欢你了，我对你就没有责任和义务了，就可以遗弃你了。流浪狗、流浪猫大多是这样来的，现在已成为城市之患。一些长相难看或不温顺的动物可能就会被我们忽视甚至被歧视。大家不会喜欢蛞蝓（鼻涕虫）吧？没有人会把它当成宠物来养，如果有，也是极个别人。

刘老师：有一句谚语是什么人玩什么鸟，好像有这么一种说法。

雷老师：大多数人在处理与宠物的关系上是按照公众的评价标准来行事的。宠物可爱、有灵性，并且狗之类的动物还可以给人提供各种各样的帮助。

刘老师：我们比较着看，比起那些虐待动物、拿动物不当回事儿的行为，把动物当成宠物养要好得多。但是如果仔细分析这件事情，会发现并不那么简单，还有很多值得考虑、争议、反思的东西。刘天天以前喜欢宠物，有没有想过这个问题？

刘天天：没有想过。

刘老师：宠物问题有很多值得我们反思的，比如宠物从哪里来。有一些动物作为宠物饲养后失去了野外独立生活的能力，还有很多宠物实际上就是从野外捉来的，比如笼养鸟。笼养鸟就是一种宠物，鸟按照天性来说是在天上飞的，关在像监狱的笼子里面，就失去了自由。换位思考，笼子外面是一只鸟，里面关着一个老头，我们会怎么看？其他宠物像猫狗一类，虽然没有笼子，但每天关在家里，与有笼子差不多。

◎ 笼中鸟

刘天天：鸟的确是从野外被抓来然后送到笼子里的，但是狗和猫的情况有所不同。现在我们常见的猫狗都是人工繁育出来的，和鸟的情形有很大差别。

刘老师：我们一步一步地分析。首先，对于把那些人工饲养的动物作为宠物这件事，还没有什么大的争议。但还有很多人从野外抓动物来给人当宠物，这就很不对了。这个其实是很残忍的，野外抓来的鸟成活率很低，大多都死了。这个不存在争议吧？

刘天天：嗯。

刘老师：还剩下一部分，由于历史的原因，或是人类饲养宠物的传统，等等，长期以来，培育了一些只是作为宠物后代来繁衍的动物。

刘天天：即使是您刚才提到的第一种，也还是可以分成两类：离了人能活下去的和离了人就无法生存的。

比如猫、狗之类大部分都是可以活下去的，但金鱼、鹦鹉等就不一样了。

刘老师：关于后面这个，我们前面分析了一部分原因——从人的地位和伦理关系上说是不对的，是一个宠和被宠、管理和被管理、支配和被支配的关系，不是以一个非常平等的人和动物的关系来相处的。不过这个问题也还是可以接受的。除了这个之外，还涉及什么伦理问题呢？

雷老师：我们刚才谈到，从人类中心主义的观点来讲，如果养宠物是一个问题，充其量只是反映了人和宠物之间的关系，从而间接地反映了人和动物之间的关系。就像人被狗咬伤到医院看病，实际上不是狗的问题，而是狗主人的问题，是主人没有管理和教育好自己的狗。但是，如果我们超越人类中心主义立场，从更宽广的视角来看人与宠物的关系，那么，很显然，把人和动物分成主人和宠物本身就是有问题的，是观念的错误，一开始人类就犯了错误。当然，从历史角度来看，它有一定的合理性，我们可以接受宠物这个说法。从逻辑的角度看，如果我们把它当作一个生命主体，那么它所拥有的权利人类都应该尊重。这个权利主要是生存的权利与行动自由的权利。现在作为宠物，它们的这些权利在很大程度上被我们剥夺了。如果用动物伦理的原则来评价，那么，凡是抑制了它的权利或给它带来了不必要的痛苦的行为，都是不道德的。笼养鸟是不道德的，因为违背了鸟的生存和行动的权利。但是，我们能够忍受狗、猫这类宠物，很大程度上因为它们跟人一样占据着同样的空间，所以我们没觉得违背了它们的天性。

绝育背后的伦理问题

刘天天：我有个问题，现在很多救助流浪猫或者家养猫的人会给猫做绝育手术，这是不是违背了宠物的权利？

雷老师：这显然违背了动物的基本权利。给猫、狗做绝育的行为，表面上看是为了控制数量，实际上是为了人的利益。任何一种动物都有繁衍后代的本能，繁衍得越多、物种越强大越好。

刘老师：这是纯粹从自然意义上来说的，现在之所以给猫、狗做绝育，是因为它们没有天敌了，如果不做绝育，会给人类带来很多麻烦。

刘天天：那就从尊重动物权利来说，即便猫、狗很

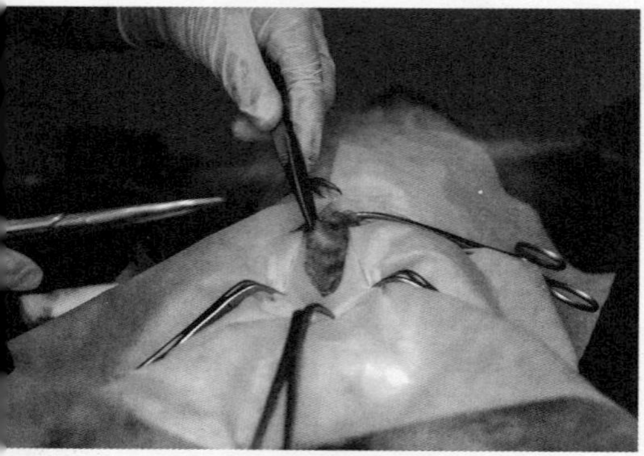

◎ 动物绝育手术

多，我们也不应该给它们做绝育？

雷老师：上面我们是从动物伦理的角度来说的，实际的问题并没这么简单。给猫、狗做绝育是一个补救的措施。在自然状态下，由于受到食物、天敌等各方面因素的制约，物种的数量总是会在一定范围内波动，不可能无限地繁殖。但宠物已经不是自然状态了，有很多人为的因素加在一起，它在既没有天敌，食物来源又很充足，生活条件也相对比较好的情况下，自然而然就会大量地繁育。它们的繁衍往往会对人类的生活造成影响，比如大量的流浪猫和流浪狗会带来很多疾病。在这种情况下，我们就不得不采取措施。在看这类问题的时候，我们不能只看这些动物被做绝育手术这件事本身，还需要从前因后果上去分析。

刘天天：也就是说，我们是在用一个错误去弥补另一个错误。

雷老师：这个手段是在弥补我们从前的错误，但是这个手段对于动物的权利来讲是错误的。站在动物伦理的立场，完全可以说我们是在用一个错误弥补另外一个错误。但从功利主义伦理立场来看，如果是用一个小的错误去弥补大的错误，那仍然是件好事。

刘天天：现在做绝育会不会造成一些新的问题？

刘老师：有可能。我们讨论的这些伦理问题有时候很难有一个唯一的结论，在不同的立场下看这些问题会有一些差异。当然了，也有一些共性的东西。我觉得刚才宠物这个事儿就说得比较清楚了，是不是可以这么理解：不同的立场有不同的解释，但是不管哪种立场，都认为养宠物是对动物权利的一种不尊重。但是，现实中有很多的困境，我们好像陷入了两难。

雷老师：刚才我们讲对待宠物时用了不同的评价标准，这些标准并不是完全对立的。从维护人类利益出发是必要的，但这个标准太低了，可以作为底线。我们完全可以做得更好一些，因为本身就有一种动物权利的意识，尊重它们的权利可以作为较高的标准。

刘天天：如果不给宠物做绝育，宠物的数量有没有可能在到达一个顶峰之后下降？

雷老师：按照自然规律肯定会，只要生存条件恶劣，食物匮乏，数量就会下降。但是，数量增长到什么样的程度是人类可以接受的，就很成问题。人类不能允许它们的数量增长到影响人类正常生活的程度，因此不可能出现你所说的这种情况。

刘天天：现在的情况是不支持绝育？

雷老师：这种人为干预的方法是对宠物权利的侵害。

刘老师：我想我们在分析这些问题的时候，不能离开一个背景——就是人造成的错误存在在先。如果人没有造成这个局面，肯定不会出现绝育这件事。而现在这个问题已经存在了，到底用什么方法处理带来的伤害最小？如果不做绝育，让它们自由地繁殖，从表面上看生存的权利被保护了，但最终的结果必然是不好的。因此，讨论给宠物做绝育对不对这件事，如果离开了这个特殊的背景，就没有意义了。

宠物该不该养？

刘老师：我一直在想，我们讲了不同的流派、观点，包括人类中心主义、动物解放、动物权利等，我现在有一个困惑，作为普通人，面对伦理学这么多的流派，我们应该做什么样的选择才合理呢？

雷老师： 其实每个人都有自己的立场，不同立场导致的行动不一样。比如动物解放论者不会养宠物，动物权利论者也不会养，但是有条件的市民大都愿意养，这就是立场不一样。如果可以选择，最好不养宠物，因为这样既不会对动物造成不必要的伤害，也不会对周围人群造成干扰或威胁。如果非要养，一定要想清楚怎样的饲养方式最适合你要养的宠物，同时也不影响他人。我只想说，养宠物有两方面的责任，一是对宠物的责任，二是不影响周围人的责任。没有想好这些问题的人基本上是不适合养宠物的。有人常把狗当成自己的孩子来养，这不一定是好事，媒体上这类事件报道得太多，情感上的问题我不去说它，我只觉得你必须尊重狗的意愿，包括让它在严冬的晚上出去散步，在你的床上拉屎撒尿。如果不能容忍这些，那么基本上也不适合养狗。总之，要把狗当成狗来养。我以前的邻居养了条狗，夫妻俩白天都上班，他们不知道他们离开之后这狗是多么地烦躁，长时间地摇门、撞门，常常吵得我无法工作。我想这狗一定很痛苦，可是主人并不知道。有养狗经验的人都知道，狗更愿意待在户外，经常带它出去，狗会比较快乐。长时间不出去的话狗会很烦躁，长期下去就会有心理障碍。事实上城市中的大多数人是不适合养狗的，一是居住的环境达不到条件——大家都住在容积率很高的小区中，不仅狗的存在对邻居出行有影响，而且路上随处可见的排泄物也是一件很糟糕的事情。无论是在城市还是在乡村，我觉得只有在有条件的情况下，也就是有比较大的活动范围并且不影响他人正常生活的前提下，才可以养狗。

刘老师：你注意到雷老师说的这些话里面加了很多限定的东西，我觉得有说出来的，还有没说出来的。他说“有条件的情况下”，这个“有条件的情况下”其实还隐含了一些内容，比如选择的宠物对象应该是非野生的、已经现实存在的宠物。如果去掉了这些前提条件，我们就要考虑另外的问题了。当你决定养宠物的时候，这个行动就已经给宠物市场的发展增加了一个筹码，因为多了一个养宠物的人，宠物市场就多了一个客户。按照我们刚才的分析，是不是可以得出一些结论或者建议？

刘天天：还是不养宠物为好？

雷老师：你这话说得很好，如果真要给建议的话，我建议不养为好。对某些确实要养宠物的人来讲，一定要先让自己具备养宠物的基本条件。这个条件不仅仅是空间、金钱或物质方面，还有你的心血和情感的投入，你要充分地理解你的宠物所做的一切。现实中人与人之间常有分歧和矛盾，人与动物之间这类问题更多，比如你要给猫或狗洗澡，它不乐意，狠狠地挠了你一下，你该怎么办？

刘老师： 你也挠它一下？

雷老师： 我想你唯一能做的就是到医院看看是否要打狂犬疫苗，你可能很不开心，但一定要理解你的宠物。

刘老师： 在养小孩的时候人有心理准备，小孩哭了闹了抓你一下，你不会咬小孩一口，也不可能一生气把他扔到楼下去。但是养宠物的时候，有可能会发生这种事情。

刘天天： 这就是一个问题，如果你已经养了宠物应该怎么做？如何善待宠物？

宠物该如何养？

雷老师： 养宠物之前对宠物的行为和心理要有基本的了解，如同我们做父母之前要上培训班，学习怎样照顾好孩子，怎样调节自己的心理一样。

刘老师： 科学育儿。

刘天天： 也就是说，每个养宠物的人都应该去修一门动物行为学。

雷老师：这样做是必要的，尤其是在现阶段，可以在一定程度上减少各种问题。

刘老师：而且你要想到，如果不养宠物，这些问题根本不会出现。

刘天天：还有一个问题，如果从尊重动物天性的角度来讲，我们是不是要把狗放在外面？

雷老师：单纯从狗的角度来考虑，应该开着门让它进出自由，这在人少、地域比较广阔的地方是可行的，但在城市或者社区就不现实。狗毕竟是狗，会咬人，对于居住在同一环境中的人来说，狗是有潜在危险的动物。一些道德水准不高的人，只考虑自己家狗的利益，不管别人和其他狗的利益，常常造成人与人之间关系的紧张和人对狗的敌视。现在在城市和社区养狗带来了很多新的问题，这也是为什么我们不赞同养宠物的缘故。

刘天天：那么，站在狗的立场上，会不会对狗不利呢？

刘老师：具体情况具体分析。你放出去，有没有适宜狗的活动空间本身就是一个疑问。而且你使狗丧失了野外生存的能力，这是人为造成的错误。这个时候我们只能去比较，尽量把它放在一个受管理、不会被虐待、不会给其他人造成威胁的环境中，比如收容所或是其他有条件收养的家庭，尽量把对狗的伤害降到最低。人犯错误以后最重要的是怎样最大限度地弥补这个错误，而不是犯了这个错误了，还大量繁殖狗，让这个错误越来越大。

雷老师：在医学伦理中有一条处理医患关系的重要原则就是无伤害原则：如果不得不伤害，必须取最轻的伤害。该原则对动物同样适用。也就是说，如果我们不得不伤害宠物的话，也要尽可能选择伤害最小的方式。现在的宠物收容所实际上都是为了解决我们前期犯的错误而存在的，不是虐待。但这样做又会产生其他问题，诸如建立这样的收容所实际上是在让那些不养宠物的人为不负责任的宠物主人的错误买单，因为收容所用的是大家的钱，即使建收容所用的是养犬费，也不能忘记它所占有的资源是公共的。

刘天天：有的人很善良，他们收养那些在外流浪的猫狗，这样的人是不是很可敬？

刘老师：我觉得很可敬。

刘天天：那如果一只猫在外面活得很好，但是有个人觉得这个猫很脏，很瘦弱，很可怜，就带回来，算不算对这只猫的生活本性的侵犯？

雷老师：如果真的很可怜，很瘦弱，说明那个生存环境对它不好，收养的目的是为了让猫的生存环境更好一些。所以，就收养流浪猫这件事而言，这些人的行为是值得赞赏的。

刘老师：因为他们要付出很多，而且他们做的事儿是在弥补别人犯的错误。

雷老师：在目前的社会状况下，这样的错误会越来越多，所以光靠个人的爱心去收容这些流浪宠物不是一个很好的办法，必须要有一个体制化的建设。比如像收容站之类的机构，它应该是对整个社会负责的。收容站的运作可以采用多种机制，比如把办狗证收取的费用拨给收容站。另一方面还要有预防机制。流浪猫狗大多是人遗弃的，这说明养宠物者并没有具备养宠物的基本素质，因此预防机制中，提高素质教育是必不可少的。另一个就是运用法律法规来实施惩罚。

刘老师：表面上看，养宠物是一件很有爱心的事情，这跟动物园的例子也有某种相似性，我们说动物园是人类文明发展过程中的一个产物，过去我们还没有认识到动物伦理，做了一些不好的事情，现在认识到了这个问题，就应该反思并纠正这些错误，我想这才是应该采取的态度。

雷老师：我一直主张，如果不是生活必需，最好不养宠物，这里我可以用一个我亲身经历的例子来说明为

◎ 鹦鹉写真

什么尽可能不养。天气比较冷的时候，我在早市上看见一个卖鹦鹉的人把鹦鹉放在一个很小的笼子里面，甚至有一只鹦鹉在塑料袋里，它们挤缩在一起很可怜，这些能活到市场上被卖掉的鹦鹉，它们的生命力都是顽强的。所以，当时就有想拯救它们的冲动，于是花钱买回家来。我没用笼子养，那样鹦鹉不自由，所以直接放在阳台上，我觉得至少要让鹦鹉能够飞翔。在北方，冬天很冷是不能放飞的，好在我家阳台是朝南的，阳光很好，后来它们就在阳台上建窝，结果开春之前就繁殖出了小鹦鹉。由于生活条件比较好，后面又繁殖了很多。鹦鹉多了，空间相对就小，有时它们会为争夺自己的领地相互争斗。这个空间肯定是不够了，必须要为它们寻找另外的居所，所以我打算在春天逐步放掉这些鹦鹉。我只是打开窗户给它们选择，但基本上都飞走了，有些较老的留恋了一阵子，最后也飞走了。尽管我很担心它们的命运，却也不得不这样做。这是一个很深刻的教训，人的好心有时候不一定会办好事儿，与动物相处一定要遵循生态学规律。

刘老师：作为谈话的收尾，这是一个很有趣的故事，也说明了背后的道理。宠物这个话题我们就谈到这里。

09

第九日

转基因技术及其应用与相关的伦理问题

转基因技术与传统杂交技术有何区别？

刘老师：今天是我们第九天的对谈了。我们这次要谈一个目前在社会上炒得比较热的话题，它代表着一个高科技的前沿领域，并且已经对我们的社会生活产生了相当大的影响，可能还会产生更加深远的影响。这个研究领域在很多方面都涉及人和自然的关系问题。这就是转基因技术。虽然社会上关于转基因已经说得很多了，还是先请雷老师从生物学角度用几句话来简单地普及一下什么是转基因。

雷老师：顾名思义，转基因技术是对生物的基因进行转换的技术，通常用人工分离和修饰过的外源基因导入生物体的基因组中，从而使生物体的遗传性状发生改变。转基因技术是当今生命科学前沿的重要领域，也是现代生物技术发展的一个标志。这种技术完全可以按照人的意志，对农作物和家畜品种进行改良，提高粮食作物和肉蛋奶之类的动物性食品的品质和产量。总之，这项技术就是按人类的需要来制造生物产品。目前已有上千种转基因植物获准进入田间试验，投放市场的转基因植物也有好几十种，转基因动物已有牛、羊、猪、鱼、兔、鼠等多个物种。

刘老师：首先，有一些概念要澄清一下。以往的传统育种比如杂交水稻等，也都是在改变基因。我想这种方式和我们通常的意义上讲的转基因的概念应该还是有所不同吧？关键区别在哪里呢？

雷老师：我们现在讲的转基因是在实验室里对生物基因进行操作。

刘老师：是直接通过对生物基因进行操作，而不是间接地通过杂交发生一些变化，是吧？

雷老师：传统的杂交方法所产生的新品种，主要来自不同品种的细胞，不完全是基因的改变。大家都知道，杂交可能是在 DNA 分子水平上的，也可能是在细胞水平上的，比如细胞的融合、细胞核的移植、细胞的移植等。在细胞水平上我们常常称为细胞杂交。转基因是指分子水平的杂交。就生物技术而言，传统技术是不可取代的，比如，生物性状的变异可以出现在不同的水平上，细胞、分子水平都可能出现变异，这些变异最终都会导致基因结构或序列的变化。

转基因技术与传统技术的不同主要在于：第一，传统技术一般只能在生物种内个体间实现基因转移，而转基因技术转移基因则不受生物体间亲缘关系的限制；第二，传统的杂交和选择技术一般在生物个体水平上进行，操作对象是整个基因组，是许多基因一起转移，不可能准确地对某个基因进行操作和选择，对后代的表现预见性比较差，只能通过大规模的筛选才能得到需要的品种，而转基因技术操作和转移的基因很明确，后代的表现可以准确地预测出来。因此，转基因技术能够极大地提高动植物品种改良的效率。

刘老师：也就是说，转基因技术能让人们在基因的层次上直接操作。

雷老师：到现在为止，转基因技术有50多年的历史。从20世纪70年代开始，最早应用在植物领域。

转基因试验操作中的风险

刘老师：我记得很多年前有个学生物科学史的研究生写了一篇论文，回顾了美国20世纪70年代的一个案例。那是转基因技术刚开始的时候，已经涉及伦理问题了。当时美国的一个科学家开始做转基因试验，用大肠杆菌做材料。做的时候首次预测到这个试验可能会带来意想不到的风险。当时有一些美国科学家开始警觉，有意识地控制一些试验结果的发表，在没有搞清楚进一步的风险以前，暂停了他们的研究。

雷老师：因为在此之前，一些科学家在原子弹和DDT的应用中发现了各种环境和伦理问题，所以20世纪70年代生物学家在搞这项技术的时候也出现了同样的担忧。今天我们考虑的问题早在20世纪70年代就有学者考虑到了。很多科学家已经预测到了潜在的风险，首先是来自实验操作方面的，因为肉眼看不见，分离和提取的目的基因不一定纯，即便是很纯的基因，整合到细胞中，碱基序列仍然可能会发生变化。在实验室里，你根本看不见你要转的基因，而且这些基因都是有生物活性的，它们对温度、酸碱度等因素要求特别高，必须在完全适合的条件下整合进去才能保证它们正常的生物活性。这种情况很像一个弱视的医生给病人做手术。在基因操作过程中，很有可能把一些杂质，就是我们不需要的基因整合到宿主细胞中，因此可能产生很多问题。还有一点大家可能不太关注，由于我们看不清楚基因的结构，怎样才能知道我们是否将目的基因整合到宿主细胞中了呢？目前最好的办法就是用放射性同位素标记来看是不是整合进去了，所以在实验室里都要用这样一些有放射性的同位素。美国在 20 世纪 70 年代的时候，基因工程的实验室要政府批准，并且基本上每个星期要做辐射测试。当这个实验室的辐射剂量超过一定标准的时候，就要关闭实验室，这对于操作人员来讲，身体健康肯定是要受到影响的。

刘老师：除了操作人员的身体健康，辐射对操作的材料也会有影响吧？

雷老师：应该也有影响，辐射是对所有事物，并不只对人。

转基因产品的应用风险

刘老师：由于我们对这个领域了解得不全面，结果也许不一定像我们想象的那样。

雷老师：这就是我要讲的潜在风险的另一个方面，也就是转基因产品应用的情况。就目前情况来看，转基因产品的应用造成负面影响的例子已经有一些了，这就进一步加剧了人们对转基因产品应用的担忧。

刘老师：我们还是先来普及一下科学知识，然后再谈理论。从理论上分析，这种转基因技术可能带来的潜在风险大致有哪些？

雷老师：主要是应用方面的风险。我们把这个称为转基因生物安全，它是目前生物安全问题中最重要的一块儿。转基因生物安全涉及的问题很多，大致可以分为三大类，一类是对生命的潜在风险，一类是对环境和生态系统的影响，第三类涉及对物种资源利用的所有权问题。

刘老师：对什么生命的潜在风险？

雷老师：生命当然包括人、动物、植物和微生物。

刘老师：咱们具体地说可能更直观一点。比如通过这样的操作，有可能使原来吃的东西变成有毒的东西，是这个意思吗？

刘天天：好像有这么一个例子，在叶子上加入转基因棉花的花粉，蝴蝶幼虫吃了以后会中毒。

雷老师：你讲的大概是帝王蝶事件吧，这是一个很著名的案例。我们知道，“害虫”是农业生产中的一大祸患，用化学杀虫剂不仅会增加农业成本，而且容易污染环境，所以，人们就采用生物杀虫剂。在生物杀虫剂中，有一种微生物叫苏云金芽孢杆菌（简称 BT），可以产生伴孢晶体蛋白，这种蛋白就是很好的杀虫剂。美国康奈尔大学的科学家做了一个实验，他们用含有转 BT 基因抗虫玉米花粉的马利筋草喂养帝王蝶幼虫，结果导致帝王蝶幼虫死亡。帝王蝶不是“害虫”，这一结果却把帝王蝶幼虫当作害虫杀死了。尽管美国环境保护局组织昆虫专家们对这个事件进行了调查，并得出了抗虫玉米花粉在田间对帝王蝶并无威胁的结论，但环保主义者还是掀起了抵制转基因产品的运动。类似的事件还有，英国苏格兰的研究人员用转雪花莲凝集素基因的马铃薯喂大鼠，结果导致大鼠体重及器官重量严重减轻，免疫系统被损坏。这个事件引发了国际上对转基因作物安全性的争论。

至于对人产生影响的例子，最典型的恐怕莫过于“巴西坚果事件”了。美国先锋种子公司的科学家在对大豆做品质改良时，发现巴西坚果中有一种蛋白质富含甲硫氨酸和半胱氨酸，他们将这一基因转移到大豆中。后来发现一些人对巴西坚果有过敏反应，引起过敏反应的正是这一蛋白。他们对这类转基因大豆进行了检验，发现对巴西坚果过敏的人对这种转基因大豆也过敏。先锋种子公司最后取消了这项研究计划。

刘老师： 这是一类。

雷老师： 另一类是对环境的影响。2002 年，英国政府的野生动物顾问团就曾指出，转基因油菜作物可能是一种新的“超级杂草”，除了最强力的除草剂，它们对所有除草剂都有抗性。这份报告发表在权威的《自然》杂志上。有人对加拿大三种转基因油菜进行了研究，结果显示，在收获季节，这些种子的花粉可以和其他种类的油菜交叉授粉，从而对多种除草剂产生抗性。《自然》杂志的一位生物科技顾问还告诉记者，到了下次作物播种时，转基因油菜种子本身就成了杂草，等到下一年时就很难消灭这种油菜作物。第二年农民轮作玉米时，田间就会夹杂着油菜。要控制这类“杂草”油菜就不得不使用毒性更大、对环境危害更大的其他除草剂。

当然，转基因植物能否演变成农田杂草，关键还是要看转基因植物在生存竞争方面是否比自然物种强。如果转基因植物可以在自然生态条件下生存，那必然会改变自然界的生物种群分布，影响生态平衡。另一种可能性是，转基因植物的基因漂流到近缘野生物种那里。在自然生态条件下，一些栽培植物会和周围生长的近缘野生种发生天然杂交，从而将栽培植物中的基因转入野生种中。如果在这些地区种植转基因植物，则有可能导致转入的基因通过授粉漂流到野生种中，并在野生近缘种中传播。

再比如，现在完全可以用基因工程的方法把豆科植物中的固氮菌基因转移到其他植物里去，这样就不用除草施肥了，而且产量高、品质好，现在全世界都在研究它，这几乎是人类一直追求的梦想。

刘老师：但是这个东西弄不好就变成一种杂草了。

刘天天：如果这个花粉传到了杂草中，很可能产生固氮的杂草。

雷老师：这就是上面讲到的基因漂流或基因污染问题。对环境的影响是一个很重要的方面，尤其是对于一个转基因品种，它产生的影响不只是对一个生命，而是对整个环境。

刘老师：这两类问题是不是可以说得更清楚一点？我们分别来说，哪类更优先地取得人们的关注？

雷老师：其实两者是相互关联的，因此都很重要。当然，人们优先关注的还是对人类自身的影响。转基因技术的目标是造福人类，任何技术，如果造出的产品最终危及人类自身，就是失败的。如果转基因技术是失败的，它对人产生的影响将是最危险的。

刘老师：这就涉及转基因食品的问题了。在这个领域我听说争议很多。前几年我在一个电视节目里看到国内一位从事转基因研究的著名科学家曾经举过这么一个例子，他说：所有技术都有风险，但是人还要做；比如说你坐飞机也有风险，有可能掉下来呢，为什么转基因有风险就不能做呢？

刘天天：我认为转基因的风险还是未知的，我们不知道会带来什么后果；飞机掉下来我们知道会死，有一个预测，但是转基因现在会造成多么严重的后果，我们还都不知道。

刘老师：至少从逻辑上我们可以分析出飞机从天上掉下来的概率有多大。不过，一架飞机掉下来危及的是几十或上百人的生命，而如果转基因产品真有问题，它的食用者不只几百个人，波及面会很大，涉及的人群范围会更大。

雷老师：这就是人们从一开始就对转基因技术很谨慎的原因。对人可能的危害主要涉及两个方面：一个是危害的涉及面广，第二个就是它的不可预测性。这两个事情都很可怕。危害面广不只是受影响的人多的问题，它有可能危害转基因产品应用的各个环节，从自然环境、农业生产到生产、制造、流通的各个环节。一旦出现了这个问题，不单单是对使用人群的危害，对这个产业链也会有危害。

刘老师：关于这个可能的危害、风险，目前的研究状况是怎样的？人们目前对转基因风险的认识如何？

雷老师：从总的情况来看，大家都认同一点：转基因技术的运用要有严格的流程，对产品的应用要谨慎。但是，在制定操作规范和应用的制度方面，不同的人和国家有不同的理解。就研究方面来说，美国目前是转基因技术最先进的国家。从全球来看，转基因技术应用的支持者居多，例如，2000 年，包括美国、英国、巴西、印度、墨西哥、中国以及第三世界科学院在内的全球七大科学院发表联合声明，支持转基因技术的应用。我们认为，利用基因改造技术能生产出更有营养、更方便储存、更有利于健康的食品，对工业化国家和发展中国家的消费者都有好处。舆论也称转基因技术正在领导一场新的农业科技革命。只有欧洲的一些国家表现得较为谨慎和保守。

刘老师：那么，从科学研究的角度来看，人们是怎么认识这种风险的？

雷老师：现在没有办法预测这项技术将会产生怎样的危害。无法预测是我们最担心的，因为不知道结果本身就是一个最坏的结果。试想，你连结果会是什么都不知道，怎么能找到一种控制或是解决结果所产生问题的办法呢？转基因最大的问题就在于我们对潜在的后果不清楚，更谈不到有效的解决办法，这才是最可怕的事情。

◎ 转基因大豆

转基因技术的优势

刘老师：那么在这样的局面下，转基因技术还在迅速地发展，这是为什么？

雷老师：首先，转基因技术的应用前景确实非常好，比如培育出了高产、优质、抗病毒、抗虫、抗寒、抗旱、抗涝、抗盐碱、抗除草剂等新品种作物，通过动物转基因技术可以育成生长周期短、产崽多、生蛋多、产乳量高的畜禽，也可以育出肉类、皮毛品质更好的畜禽，还可以生产各种名贵药品。其次，当代体制化的科学也有这样的明确目标，就是要追求最大的经济效益，这叫“利用科学技术造福人类”，诱惑力非常大。再加上人类确实从转基因技术中获得了很多利益，所以就更加信赖它，不然就不会有人把 21 世纪称为“生物世纪”了。因此，看到转基因技术对社会的贡献是必要的，它可能是未来新的经济增长点。

我们不否认转基因技术本身给人类社会带来的贡献，但同时也要更多地关注它可能带来的负面影响。只有充分地了解它可能带来的问题，我们才能让它更好地为人类服务。

转基因技术背后的伦理问题

刘老师：到目前为止，我们对转基因技术还有很多未知，但它发展如此迅速，已经渗透到我们日常生活中，我们应该怎么看待它？

雷老师：这个技术之所以这么迅速地发展、产生了这么重要的影响，肯定有它的合理性，至少社会强烈需要这项技术，需求是会带来经济利益的。

刘老师：可以肯定它的存在有道理，但是不是合理就值得考虑了，毒品有生命力也有一定的道理，理性地分析都是合理的。

雷老师：在目前的地球环境下，人类要想很好地生存，绝对离不开生物技术。现在世界人口的数量和活动已经使地球不堪重负了，要人道地解决这些问题，除了依靠科学技术，没有别的好办法。生物技术在满足人们吃饱这样的需求方面的贡献确实很大。现在人类的粮食几乎 4/5 的产量来自技术，只有 1/5 来自土地、资金要素。可以想象，如果没有杂交水稻或者转基因产品的出现，甚至没有经过传统生物性改良的动植物产品，世界粮食产量肯定不会是今天的状况，我们也就没有能力在这里讨论这个问题了，这是一个前提。

我说它有合理性主要是从这个角度来考虑的。现在全球人口已经超过 80 亿，要支持这么庞大人群的生存，仅靠传统的耕作手段是绝对不行的，必须靠生物技术。

所以你可以看到，即使是美国也要大量地生产转基因玉米、大豆、棉花，而且转基因产品在品质、产量上远远高于传统作物。

刘天天：我想问一下，在转基因的过程中，比如我们给一只普通的羊转进去各种各样不属于它的基因，对这只羊是不是不公平？

雷老师：从动物伦理的立场来讲，人是没有权利这样做的。由于动物伦理主张在原则上人与动物权利平等，那么，你完全可以把人想象成动物，或者把动物看成人，就比较容易解决问题了。如果有比人更强的外星人根本不与你商量就强制改变你的基因，你肯定不愿意。

刘老师：类似的问题还有，比如关于人种的改良，就是利用这个技术把人变得更优秀、更有智慧、更耐病，方方面面的优势都有。但是这里面有一个最大的问题，就是你怎么定义哪一种人是优秀的，这个标准本身是不一致的。

雷老师：你讲的这个问题很重要，这可能涉及更长远的国家、民族和全人类发展的问题。我们知道，任何一项技术的使用都要受到边界条件的影响。有时候国家利益、国家意志会使技术朝极端的方向发展。如果再次出现德国优生学社会性运用的情况，那将是一个悲剧。

这也是为什么我们一定要从伦理的角度对转基因技术进行分析，为的就是避免可能会犯的错误。大家知道，国家利益和国家意志高于个人利益和个人意志，如果我们用这样的标准去评价，那么就要考虑到国家意志与个人自由冲突的情形，这是必须面对的伦理问题。显然，伦理要求我们不能以国家或民族的名义去侵犯个人的正常利益，但是，如果形成了强大的社会舆论，我们常常会追随舆论而不自知，尤其是看到技术的运用确实能给国家和民族带来不少好处的时候。

现在，转基因技术确实引发了国家、民族层面的政治、经济和安全问题，比如转基因玉米与传统玉米之间的矛盾、种子的所有权、技术性不育种子对农民的自主生产产生的影响、物种遗传资源的主权等问题。这些问题都有复杂的背景，在短时间内很难得到解决。因此，作为一个变通的办法，当下最重要的是在国际范围内加强对转基因作物的管理，加强对转基因产品尤其是转基因作物和食品的操作程序和应用情况的有效监测。从伦理学角度来看，公众有知情权，食品提供者有告知义务。因此，应该在所有转基因产品上加上转基因标识，标识应遵循“真实、不误导”原则，同时，政府管理部门应定期提供应标识的食品种类的清单，为消费者选择转基因产品提供一个必要的参照。

刘老师：转基因这个问题，由于涉及许多科学和技术的内容，有些深，我们谈得也有些累了，这个问题就先讨论到这里吧。

10

第十日

建坝与拆坝：还是有关人与自然的争论

建与不建的理由

刘老师：今天是我们谈话的第十天了。我们今天来谈谈关于修水坝的事儿，这是一个曾在国际上引起激烈争论的问题，不仅涉及理论，还与国内外很多具体事件相关联。从表面上看，修水坝是一个纯粹的工程问题，但也有截然不同的观点和争论在里面。我想关于是否建坝、如何建坝这样一些争论，背后也有可以从生态立场讨论的问题，因为这主要是关于人如何改造自然这样深层的话题。这件事儿说起来也简单，反对者认为它破坏生态环境，肯定者认为它可以产生经济效益，对当地人民脱贫有帮助等等。刘天天，你也听说过建坝这些事情，尽管可能了解得不是很具体，你是怎么看的？

刘天天：我认为建坝肯定是人类改造自然的行为，但是我一直有一个疑问，人类有没有权力对自然进行这样的改造？

刘老师：权力的问题已经是伦理问题了，说到权力，就让雷老师说几句吧。

雷老师：能够质疑人类有没有权力对河流进行改造，说明你已经站在一个很高的环保层面在反思这个问题了。大多数环保者都认为我们没有权力对河流这么做。当然，站在人类中心主义的立场上，人们会认为这是很荒唐的事情，这反映了观念上的差异。如果只把修建水坝当成一个工程问题来考虑，我们就不会太多地去想建坝所产生的生态影响或者由此带来的伦理问题，而只会关注工程本身可能出现的问题。因为建坝的目标很明确，就是满足经济方面的需要，比如发电、航运、防洪之类。

刘老师：出发点就是这样。

雷老师：人类自身的生存和发展，这是首先要考虑的。人类既然要在自然界中生存，就一定避免不了对它进行改造，并不只有人类，所有生物都会根据自己的能力改造自己生存的环境。大多数人可能认为建个坝是很正常的事情，比如葛洲坝水电站、三峡水电站，在解决能源问题方面起了很大作用，尤其是水电被看作是一种清洁能源，不会产生任何污染。若不建坝，水就会白白流走，建一个水电站就可以有效利用流失的水能。按道理讲，这是一件很好的事情。而且现在很多水坝不仅有发电的功能，还兼有向附近的城市、乡村流域供水、灌溉等作用。我想，环保人士也能认识到这些，不会在这个层面对建水坝的行为提出疑问。他们考虑得比较多的是，一个水电站除了发电、防洪、灌溉、航运这些纯粹为人类服务的方面外，有没有从生态环境的角度考虑过问题，对流域生态环境究竟会产生哪些实际的影响。另外，拦河筑坝是不是唯一的合理方式，在这之外还有没有其他方案能够既满足人类的这种需要，又不影响自然河流。

建坝引发的生态问题

刘老师：说到这里，我们应该就其中一个背景来想一想，建坝的出发点是为了满足人类的需要，这应该算是好事儿，但有争议就说明它存在问题。那么建坝可能会带来什么问题呢？

刘天天：有一个美国的例子。建坝阻碍了野生大马哈鱼的自然洄游，结果导致野生大马哈鱼的数量大幅下降。尽管后来又建造了昂贵的鱼梯，情况也没有好转多少。

雷老师：这是一个典型的建坝改变了鱼类生存环境的事例。我想建一个水坝可能至少有两大类问题，一类是可预测的，一类是不可预测的。比如，建一个水坝会改变当地的地质和河床结构，还可能诱发地震。另外，改变河流的生态，造成很多洄游的鱼类没办法通过坝区洄游。有的甚至影响航运以及周围景观，比如三峡建坝要淹没很多地方，过去的陆地生态就会变成水生态，环境就会发生很大的改变。还有一些不太成功的例子，比如黄河的三门峡水库，由于黄河沙多水少，再加上我们在设计方面的疏忽或者说没有预见到的一些问题，或者在当时预见到了，但没有引起人们足够重视，最后就导致这个水库修得很不成功。

还有，水坝建立以后，整个河床、河槽都会改变，水的流量、流速也会发生变化，比如，随着季节变化，河流通常有丰水期和枯水期，自然环境中长期以来形成了这样的规律，很多生物为了适应这样一种规律形成了各种各样的能力。这个时候，人为地建一个坝，在很短的时间里就被打破了这样的生态规律，那些生物不可能在短时间里很好地适应这种变化，就会导致生态系统出现很大的问题。建一个大坝不只涉及技术上是否可行、经济上效益如何的问题，它涉及的因素很多，还有移民、生态、文化遗产保护等方面，要考虑的因素太多了。一个大坝的寿命有几十年、上百年，如果起初考虑不周，就会后患无穷，因此一定要谨慎。

刘老师： 在过去很长的时间内，由于技术水平的提高，人类成功地修建了一批水坝，包括一些大坝。这些坝还是发挥了一些预想中的作用。达到目的后，人们往往很陶醉，认为人类在与自然界的斗争中胜利了，改变了自然界的面貌。但是，随着时间的推移，原来想到的和没有想到的很多问题都浮现出来了。比如埃及的尼罗河上修建的阿斯旺水坝，带来了很多当初没有想到的生态问题，甚至在农业灌溉方面也出现了问题，如对土壤的影响。当然，有人对此持乐观的态度，认为有问题就解决问题嘛。但是至少从目前来看，我们好像还没有达到能有效处理这些新问题的水平。

雷老师： 埃及阿斯旺水坝确实是一个很典型的例子。现在看来，它产生的经济效益确实很大，但如果对整个工程做综合的绩效评估，大概正负各一半，算是收支相抵吧。大家不要小看在河流上筑坝，这不仅仅是一个工程技术或经济问题，也是一个社会和文化问题。尼罗河对埃及文明来讲，与黄河对于华夏文明一样重要。尼罗河一年一度的河水泛滥时，古埃及人都是要举行仪式的，因为这意味着来年会大丰收。建了阿斯旺水坝之后，水坝下游的水量骤然减少，整个河流生态发生了变化，不再出现每年一度的泛滥，传统的农业耕作模式也随之发

◎ 埃及阿斯旺水坝

生了变化。这已不仅仅是经济效益的问题了，里面还有文化、习俗受影响的问题。而且，水位降低导致水流量减少和流速变缓，必然会有泥沙囤积。水流量减少对河口地区生态影响比较大，海水会倒灌，盐渍化程度会大大提高。很多过去在河口地区生存的物种就会因为不适应新环境而灭绝。据说，阿斯旺水坝建成以后，尼罗河下游还曾经出现过血吸虫病这样的问题。这些都是当时建坝没有考虑到的，所以说修建大型水坝确实是复杂的问题，依靠我们现有的设计能力和对未来结果的预测能力，是不可能把这些问题全部想清楚的。因为有一些问题在当下或短期内表现不出来，只有长期积累后才会显现或发生突变。这个突变会产生什么样的结果，几乎是不可预测的。因此，世界各国在建坝，尤其是在建一些大型水坝的时候都很谨慎。比如我国三峡水坝的修建也经历了一个相当长的争论期，从孙中山那个时代考虑建坝到现在，有一百多年了。

事实上，早在20世纪初期就有建坝与反坝的争论，在美国尤其突出。美国当时有一个很著名的建坝与反坝争论，即1907—1913年的赫奇赫奇（Hefch Hefch）争论。赫奇赫奇是美国约塞米蒂国家公园内山谷中的一条狭长的河道，这个山谷景色非常美丽，1890年约塞米蒂国家公园建立时它也被包括在内。就在这个时候，旧金山市当局几次提出要在山谷南部建立水库截水，以便解决市内居民的用水问题。从人类中心主义者的立场来看的话，建水库其实是一件非常好的事情，但因约翰·缪尔和塞拉俱乐部（美国的一个环保组织）的反对未成功。1903年和1905年，这个问题又重新被提了出来，受到当时内务部长的反对。此后，各种民间组织、野生动物保护者都站出来反对建坝，赫奇赫奇问题逐渐演变成了一场全国性运动。最终，1913年国会上下两院还是批准了赫奇赫奇水库建设计划，长达6年的赫奇赫奇辩论就此画上了句号。媒体形容，赫奇赫奇水库虽然建成，旧金山市也从水库得到了用水，但是因为水位总是随着季节的变换而涨落，岸上总是集聚着稀泥和腐烂的植物，这个人工湖边什么也长不出来了。

从这个例子我们可以看出，那个时候就已经有了建坝与反坝的争论。问题是，民间人士为什么要反坝？高山、河流都是人类的资源，如果是为了人类自身，自然就应该为人服务。如果是为了自然本身，就像约翰·缪尔那样，那就涉及你刚才讲的人类有没有权力来改变自然、破坏生态环境的问题了。这是人类中心主义和非人类中心主义者的两种不同观点。

美国的环境保护史上还有一个有意思的例子，就是20世纪70年代发生在田纳西河上的一个事件。政府要在河上建一个水坝，就是今天的特里科水坝。别的问题就不说了，田纳西河里生长着一种特有的小鱼，叫镖鲈鱼，这种小鱼只有三寸长，对人类好像没有什么太大的价值，但围绕着是否保护这种小鱼就产生了争论。如果建水坝，这种小鱼就会面临灭绝的危险；如果不建这个坝，河流的经济价值就没有办法很好地发挥。这个事儿后来闹到国会去了。根据政府出台的濒危物种法案，这种小鱼是受到保护的，所以最初没有建坝。但是这个法案有漏洞，有参议员利用这个漏洞打擦边球，最后这个水坝还是建起来了。这是一个很好的例子，说明在强大的经济利益面前，任何对自然生态环境的保护或是对濒危物种的保护都是微不足道的。

刘天天：一般来说，人类中心主义者认为人类的利益应该是最重要的吧？

雷老师：对啊，他们把人类的利益看成评价事情好坏的标准，那么肯定会认为人类利益重要。

刘天天：但是我们也知道，建坝会带来一些影响，有时候也会波及自身，为什么没有考虑到后续的影响？

雷老师：一开始并不见得完全不考虑，只是在一些相互冲突的利益面前，我们往往选择对我们直接有利的方面。有时候，由于专业的限制，规划设计人员不一定能考虑得那么周全。

刘老师：当然是优先考虑眼下的。

建坝的利益出发点

刘老师：水坝这个问题涉及的方面很多，比如这个坝能否真正达到收益的目标，以及这个目标与其带来的一些没有预料到的情况相比较是否公正，是否真的有利于地方发展，等等。对怒江建坝的问题有一个说法，说怒江建坝就是因为当地人很穷，不发达，建坝之后可以给当地增加收入，让当地人脱贫。但是还有一些反对意见，是根据以前的经验分析出来的，比如修好以后，当地人可能并不会因此解决贫困问题，这涉及修水坝之外的问题，我们现在还不能实现社会公正。

除了这些，还有一些理论问题。修水坝对现有的自然环境是一种改变，有人更愿意用“改造”这个词，好像更有一种人定胜天的精神。在这种情况下，一个就是你刚才提出的我们有没有权力的问题，这还是站在很超前的或者更深层的意义上来说的。从一个更普通和直接的角度，在大规模改造自然界这个层面，我们应该怎么看待修坝这个问题呢？

雷老师：你讲得非常好，从人类自身角度来说，通常涉及近期利益的问题。就像你刚才说的，有人觉得怒江建坝短期内可能会带来很好的经济效益，但是这个经济效益能否公平地分配给当地的居民呢？在过去类似的工程中，我们有足够的案例证明是做不到这点的。

刘老师：是啊，一些人反对建坝正是因为他们认为过去类似的水利工程建成之后，实际上并没能达到预期的效果。

雷老师：这正好是一个强有力的反证，至少可以说，在建坝的问题上，像这种所谓的利益公正分配是不太能解决问题的。建坝本身还隐含着一个很重要的问题，这是水利专家们没有办法回避的问题，就是在人类近期利益和远期利益之间需要有一个平衡。比如，我们在坝的设计上只考虑这个坝的寿命有多长，能带来多久的经济效益，但没有考虑过建坝对这个河流带来的更长久的生态影响。河流的自然演变过程往往需要成百上千年，不是几十年的事儿。如果在这么短的时间内河流生态不断发生变化，那么生活在其中的生物就很难适应。比如，近年来长江中的珍稀物种中华鲟、白鳍豚、扬子鳄快绝迹了。

就近期和远期的关系来看，还涉及代际公正的问题。随着年限的延长，水坝发挥效益的能力、安全性等方面的问题就会越来越突出。我们这代人从建坝当中得到了利益，但可能50年或100年后，这就成了一个烂摊子，就得让后代人来收拾。比如三门峡水坝，有水利专家提出，如果废了的话就不如炸掉它。这是上一辈人留下的东西，不应该让我们这代人来承担这笔费用以及由此带来的生态后果。类似这样的例子非常多。如果我们把视野拓展一点，从前面讲到的非人类中心主义来看问题，那么，山川、河流这一类自然景观本身是有内在价值的，它们拥有维持自身活动的这样一种基本的权利，我们应该尊重这类权利，不要干扰河流，“让河水自由流淌”。

人与自然价值的考量

刘老师：我们经常会遇到这种问题，当自然的价值和人的价值之间有冲突的时候，我们应该怎么办？在没有危及人类基本生存的时候，又应该怎样考虑人与自然的价值？

雷老师：如果危及人类的生存，那么人类当然可以牺牲自然的价值来保全人类的生存，这在前面已经说过了。但如果不涉及生存问题，人类就要有一点尊重和谦让的意识，我指的是不要为人类的利益去破坏自然。

刘老师：我们在面对建坝和不建坝之争的时候，是不是也有这样一个前提，建坝并不是要解决人类的生存问题，而是要使人类生活得更好，或者收益增加得更多？在这种前提下，我们才能讨论水坝该不该建的问题。

雷老师：非人类中心主义，尤其是观点比较激进的环保人士，他们通常会对自然的权利和人类的权利进行权衡。如果说人类仅仅为了发展经济而去损害河流的基本利益，那这就侵犯了河流的权利。当然，这样的观点有一个前提，就是人类是可以通过其他方法来解决他所面临的问题的。只有当遇到生存问题，人类也找不到其他解决方法的时候，才可以对河流做一些适当的改变。这就是为什么现在西方国家的老百姓成了反对建坝的主流，我想其中的重要原因还在于，他们现在的经济已经发展到了比较高的水平，完全可以通过其他方式解决电力问题，不需要建水坝发电。

刘老师：按照这个说法，是不是能得出这样的结论，像这样改造自然的事儿，只要能不做，就尽可能不去做？

雷老师：对，大型水利设施往往对河流自然生态造成很大影响，并且短期内很难恢复。这就是为什么环保主义者大多反对这种大型的硬技术，而主张中间的适宜技术、软能源技术等，这样的技术是顺应自然的，对自然界几乎没什么影响。

刘天天：那么对于已经建好的坝又应该怎么办呢，是不是把它们全炸掉算了？

雷老师：不少环保人士是不希望看到建水坝的，认为就是建好了也应该拆除。不过我想这也是比较激进的看法，还应具体问题具体看待，水坝的问题有时候是很复杂的。如果我们生活得都很好，就没有必要建水坝了，可是现在生活状况确实不好，电能不足、洪涝灾害很严重，修水坝对拦水和生产电能确实能起到重要作用，那么我们就需要考虑这个坝是留着好还是炸掉好。当然，这需要对各种利益进行权衡再作综合评价。

“人定胜天”还是保有敬畏之心？

刘老师：其实，如何看待自然界以及人与自然的关系，一直是生态伦理中非常基本的话题。人对自然界，在最基本的意义上应该持什么样的看法呢？我想起曾经的一场特别激烈的争论，起因是印度洋海啸造成了很大的损失，死了很多人。当时有人认为，在自然面前我们的力量非常渺小，所以应该对自然持敬畏的态度。但马上有人提出了不同的说法，认为既然自然界对我们如此恶劣，我们对自然界就要有一种反抗、抗争意识，通过科学技术改造它，让它为人类服务，而不应该像某些人说的敬畏它。关于人是否要敬畏自然，当时引起了很多讨论，分成了对立的阵营。

表面看，这似乎是一个纯理论性的话题，但为什么在这个特定的时刻引起了一场争论，我想还是有很多实际的背景，就是我们应该对大自然持什么态度。建国初期有一个口号叫“人定胜天”，但是随着社会的发展，我们开始认识到对自然界肆无忌惮的开发是要受到惩罚的，这就直接或间接地与政府的决策联系在了一起。这个争论的展开和逐渐平息背后也有很复杂的原因，后面关于是否应该建坝的争论实际上也是这场争论的延续。当时社会各界人士都发表了看法，包括中学生。有一个叫馨儿的中学生曾经在《新京报》上写文章、在网上发表谈话等，她提出敬畏自然应该是常识，他们在学校就学过这一课，标题就是《敬畏自然》，立场很鲜明。这个中学生受过这方面的教育，认为敬畏自然是一个基本的科学常识，很奇怪为什么还会有这样的争论。这篇课文本身就反映了我们这个时代的观念，它跟过去“人定胜天”的教育主张是不一样的。所以有些老人认为馨儿的观点胡说八道，没有价值，但是我想只要与环境问题有关，就涉及我们每个人，大家都可以有自己的立场，它决定了我们的行为方式。刘天天，作为一个中学生，我想你也听说过争论敬畏自然这件事儿，你对这个持什么样的看法呢？

刘天天：可能就是因为受过这方面的教育，我也认为敬畏自然是常识。即使有时候觉得不应该敬畏自然的说法绕来绕去貌似很有道理，但是仔细想想又觉得有问题，可能说不出来问题在哪里，只是感觉很别扭。敬畏自然对我来说就是一种根深蒂固的思想，不太好改，跟本能似的。

刘老师：你也认为我们应该敬畏自然，那在这场争论中，那些反对敬畏自然的立场和态度你又是怎么看待的呢？

刘天天：我觉得有些说法貌似很有道理，但是其实里面有很多问题，比如偷换概念、强词夺理，还有一些很片面的解释，没有真正搞懂很多东西的含义，或者是本身的知识有欠缺。

刘老师：其实，以当时人们的心态和立场，敬畏自然这个争论与我们所谈的生态伦理是密切相关的，雷老师怎么看？

雷老师：敬畏自然是人类对待自然的一种观念。它是人在与自然打交道的过程中形成的，因此有它的合理性。然而与自然界打交道的不同经历会导致人们对敬畏自然观念的不同理解，这与地域、时代和文化背景有密切的关系。

刘老师：我想这是一个方面。

雷老师：农业社会这种观念很强，因为农民主要是靠天吃饭的。进入工业社会以后，人类在生活资料的生产方面已经逐步摆脱了对气候条件的依赖，就不再需要敬畏自然了。有现代技术支持的社会在更大程度上摆脱了对自然的依赖，在我们看来自然无非就是资源和环境。这种心态我们前面也描述过。然而，现在有人提出要敬畏自然，很显然，在这些人心目中，自然的含义远不是前面所理解的那样。说自然有生命，大家一定很奇怪，可现在科学研究证据越来越多地证明地球的自然生态系统就是一个类似生命的存在。“盖娅假说”说的就是这个意思。科学家通过对大气层中各种元素成分变化的分析，使我们看到了一个活着的地球。大家可以想象：没有海啸就没有地球的演化，没有地球的演化会有生命吗？不可能。没有生命与地球演化的协同作用，会有人出现吗？肯定没有。所以人类应该客观地看待这些自然现象，没有像地震、火山这种板块的移动，陆地上就不会有生命出现，地球也就不会有起伏的山谷，生物多样性也就没有了。正是这些看似灾害性的现象造就了一个独特的地球，才有了生物的演化，才有了我们今天的幸福生活。你从这个角度来看人和自然的关系，就不会在需要地球资源的时候称它为母亲，而当它对你的生命和财产造成威胁的时候又把它当作敌人了。很遗憾，现在很多人，甚至有些科学家也看不到这一点，他们不是从全局而是仅仅从人类这个物种的当下利益来判断的，认为这些自然作用是有害的。

严格地讲，印尼的海啸是地球演化过程中的一步，它是中性的，没有任何报复人类的目的。所以，我反对把海啸、地震之类的自然过程说成是自然对人类的报复，因为这种说法实在是以小人之心度君子之腹。我们要把人和自然的关系放在更宽广的时空跨度中来理解，这样就会得到客观的认识，也可以在人与自然的关系中看到更多的东西。

刘老师：这个有点像前面说到的养宠物的情况，你要按宠物的天性对待它。

雷老师：其实只要站在逻辑一致的立场看问题，都会是这样的结果。总之，如果人类打算在这个地球上生存下去，就一定要跟生活的环境很好地协调。要真正地和自然和谐相处，就要很好地了解自然。古代的先辈们很早就在研究这个问题了。道家顺应自然的思想就是一种很高超的适应自然的技巧，庖丁解牛的故事也可以给我们深广的启迪。庖丁那把刀用了多年居然依然锋利，原因就在于他对牛的结构太了解了，可以在牛的关节之间游刃有余。这要求我们在运用技术的时候，先要对自然规律有深刻、全面的把握。要做到这一点，仅凭近现代科学技术是不够的。因为依靠数理方法和实验方法建立起来的近代科学往往把复杂的东西简化了，在实验室里面工作的科学家和在野外工作的科学家对自然界的理解肯定是有差异的。大家可以从“探索”“国家地理频道”这些优秀的电视节目中看到一个生动的世界，这种场景是不能靠公式推导、模型的模拟来实现的。看过这些以后，你肯定会有强烈的感受，慢慢会形成一种尊重生命、敬畏自然的观念。

刘老师：人在改变自然界时常常用“设计”一词，但这种设计的精准度远不如其他生物。虽然我们可以造出飞机，但人造的飞机和天上的鸟比起来笨多了。我前几天在机场的时候还说飞机不好，最重要的一点是飞完了翅膀不能收回来。很多科学家看到这些东西油然而生的是对自然界之神奇的感叹，就像你面对一个高深莫测、令人敬仰的学者，你自然也会因为自己知识的匮乏而感到自己的渺小。我们不妨也借这个形容这种心态。但是，毕竟还是有一些科学家受到了传统思维模式的影响，沿袭对自然界可以随意干涉、改造的观念，以一种大无畏的精神对待自然。你刚才说到的大自然的报复是一个拟人化的说法，其实大自然无所谓报复。若真的有报复，那是因为你不恰当的行为在强大的自然界面前显得很渺小的缘故。

刘天天：这么说来，那些反对敬畏自然的人，是不是在某种程度上是缺乏对自然的欣赏？不必从特别高深的事情来说，中学物理课讲过，最大的宇宙结构和最小的原子结构居然是相似的，当时我就觉得很精彩，自然太精妙、太神奇了！

雷老师：反对敬畏自然的人中确实有一部分是科学家，但这并不奇怪。他们持反对敬畏自然的态度，只是表明他们缺乏审美的能力或者审美的情趣。我觉得“敬畏”一词主要是从信念上来说的，而这种信念的确跟我们对生活的体验和对自然的感悟是密切联系在一起的。通过理性的手段来获得对自然界的认识是绝对不能少的，但它不是我们认识方式的全部，审美的理解方式同样重要。遗憾的是，在我们的教育中，体验、感悟、直觉等这些方式并没有受到重视，造成了一些科学工作者们在这方面能力的相对缺乏。我们之所以需要敬畏自然，是因为这样行为会变得谦卑，会约束自己。

刘老师：反对敬畏自然的人，恰恰认为我们不应该受到这种约束，所以他要争取一种所谓的人类改造自然的力量和自由。

刘天天：在科学还没有产生的时候，人应该是天生敬畏自然的。随着科学的发展，自然没有那么神秘了，所以才有一部分人真正把自然想成比较简单、可以理解的原子，才会产生对自然的不敬畏。可不可以说，不敬畏自然的观念跟科学的发展有关？

雷老师：应该是与科学的发展有密切关系的。早期人类文明不够发达，自然是以一种神秘、强大的力量存在的，人类还没有办法与自然的力量抗衡，那个时期的人对自然确实有畏惧感，像图腾崇拜和诸神崇拜都反映出这种畏惧感。有了科学以后，自然的神秘感就消失了，代之以对现象背后的自然规律的把握。借助科学的力量，人们看到的是自然的秩序和按照逻辑法则变化的规律。但是，科学史家W.丹皮尔在他的一部很有名的著作《科学史及其与哲学和宗教的关系》中写了一首诗，描写了科学引导人们认识自然的历史变化，很好地说明了人与自然关系的变化。这首诗描写现代的最后一段很耐人寻味：

大自然在微笑——
仍然没有供出她内心的秘密；

她不可思议地保护着

猜不透的史芬克斯式之谜。

今天我们认为已经拥有了认识和改造自然的强大力量，但这种力量相对于自然界来说还是很弱小的。我们探索的自然规律只是自然界中的一小部分，整体的自然界对人类来说依然是一个“史芬克斯式之谜”。

刘老师：我觉得你说的这个是一方面，但并不是全部的理由。有时候人们往往夸大了对科学和自然的认识。我们在现阶段不可能凭借已知手段看透自然界所有的秘密，其实这就是人类对自然界的一种认识的幻象，而不是对我们目前科学能力的一种正确的认识。

刘天天：我们对自然的认识还是不够的。

雷老师：以前人们坚信地球就是宇宙的中心，但是后来人们发现这种认识是错误的。科学上这样的例子非常多。随着科学的进一步发展，我们同样会发现今天认为正确的东西其实是错误的。一个很有趣的例子，说太阳系有九大行星其实是错误的，应该是八大行星，是怎么改变这个说法的呢？通过科学家的投票，多数人赞成八大行星，于是就认定是八而不是九了。这说明什么问题？科学结论会随时间的推移而变化。

人类中心主义与非人类中心主义

刘老师：从我们刚才的讨论来看，应该有一个共识，如果认为对自然持有敬畏态度是有道理的，会有什么好处？如果我们不采取这个立场，会有什么问题？

雷老师：“敬畏自然”既然是一种人生态度，那么这种态度必然会影响你的处事行为。当你拥有“敬畏自然”的观念，你在与自然界打交道的时候行为就会有节制和更加谨慎。比如，那些反对建水电站的人，他们都有“敬畏自然”的观念，所以，在处理与自然的关系时很小心。相反，如果把自然看成是死的东西，是可被利用的资源，认为没有必要对它怀有敬畏之情，那么我们就可以对它随心所欲，就会把“敢叫高山低头，敢叫河水让路”视为改造自然的壮举。

刘天天：也就是说，如果你敬畏自然，就会把自然当一个小孩子，对他做什么事情要经过合理的考虑才可以行动；如果没有这种情感，就会把自然当作布娃娃，想怎么样就怎么样。

雷老师：事实上“敬畏”一词需要我们很仔细地考究。这里的“畏”不完全是“畏惧”的意思，也可以与“敬”同意。现在看来，“敬畏自然”反映的是我们对待自然的立场是以人类为中心还是相反的问题，是是否承认自然界有内在价值和是否应该尊重它的价值的问题。而自然界的内在价值我们前面已经论证过了，因此，非人类中心主义者要求尊重自然的价值没有错误，如果我们承认了自然的内在价值，那么人类就应该尊重它，“敬畏自然”也就自然而然了。

刘老师：我们站在环境理论学的立场上，很容易认识非人类中心主义和人类中心主义，但对于一般的公众来说，人类中心主义还是有很大市场的，所以不敬畏自然的态度还是得到了相当普遍的认可，对此你怎么看？

雷老师：我觉得公众不理解非人类中心主义并不是件很奇怪的事情，大多数人看问题比较直观，不会太多地去想现象背后的问题，更不会去做理论分析。但是，作为一个学者，一定要通过理论分析，把一种普遍观念背后所隐含的误区揭示出来，并且告诉公众直观的认识往往会出错。在考虑人与自然关系的时候，非人类中心主义的合理之处至少有两点。第一，它突破了一切只为人类自身利益的狭小圈子，要求用广阔的视野来理解人与自然的关系。比如，一般人认为我们现在保护自然生态系统，保护山川河流，最终还是为了人类自身的利益。我们现在建水坝是为了使自己更好地生活，有一天要拆掉水坝，也是为了人类自身的利益嘛。非人类中心主义要求人们将目光放得更远一些，把所有的生命和自然物都纳入视野之中，这样考虑问题会更合理。第二，非人类中心主义要求用整体和系统的观念来看人与自然的关系，这些在生态学里面都已经讲到了。比如，流域上下游的关系，大家都明白，下游的水资源与上游的树林、小草都是有关系的。如果上游乱砍滥伐，造成水土流失，就会对下游产生影响。菲律宾皮纳图火山爆发对全球环境造成的重大影响足以让我们看到，所有的事物都是关联的，仅仅从人类角度考虑问题有局限。在这方面，非人类中心主义在处理人和自然关系冲突的时候更理性，它要求人类在自己原有的利益上做一点适当的让步，这样的让步是为了实现共赢。过去我们站在人类中心立场上看待问题常常是非此即彼，现在站在非人类中心主义立场，会更多地考虑双赢、共赢，这是一种人与自然协同发展的模式。所以我们说，非人类中心主义并不是为了自然而完全无视人类。

刘天天：非人类中心主义不是反人类的，而是不以人类为中心。

刘老师：一般人朴素、直观的看问题的方式是有局限的，正因为有这些局限，才需要学者分析认识背后的不足和发现更好的认识方式，这才是这些学者做的工作。既然一般人的直觉与此不完全一致，那么就需要有个学习的过程，但是在讨论人类中心主义的时候，很多学者也像一般人一样，不管研究的成果，不进一步了解和认识这个观点，随意地站在人类中心主义这样传统的立场上来说话，这不是一种负责任的态度。另一方面，生态伦理学也是处在发展之中的，作为一种素养的普及，需要一个从发现、研究、传播到被认识和接受的过程。了解生态伦理的思想有助于让这个社会更加美好，也有助于人与自然的关系更加和谐。

好了，这十天的谈话，我想无论是对刘天天还是对我本人，都有很大的收获，让我们了解了关于生态伦理的许多理论，以及如何在现实问题中应用这些理论来进行分析。在这里我们要好好地谢谢雷毅老师！希望以后还有机会谈论其他一些有意思的话题。

雷老师：谢谢！